脱硝功能微孔滤料的制备及性能

郑玉婴　著

科学出版社

北　京

内 容 简 介

本书对氮氧化物的危害及控制技术、Mn基低温脱硝催化剂制备技术、滤袋除尘器、过滤机理及同时除尘和脱硝技术等进行了概述。详细介绍了低温高效MnO_x/CNTs脱硝催化剂、聚苯硫醚滤料负载MnO_2/CNTs催化剂、多巴胺改性及其原位生成MnO_2催化剂、原位聚合法制备二氧化锰/聚吡咯@聚苯硫醚复合滤料、TiO_2包裹的脱硝功能复合滤料、MnO_2-PPy/芳纶复合滤料等的制备及性能。本书可为脱硝功能复合滤料的制备和应用提供新的思路和方法，为其实现工业化应用提供实践基础和理论指导。

本书可供材料科学研究人员、工程技术人员和研究生参考阅读。

图书在版编目（CIP）数据

脱硝功能微孔滤料的制备及性能 / 郑玉婴著. —北京：科学出版社，2017.3

ISBN 978-7-03-052325-9

Ⅰ. ①脱… Ⅱ. ①郑… Ⅲ. ①烟气-催化-脱硝-技术-研究 Ⅳ. ①X701.3

中国版本图书馆 CIP 数据核字（2017）第 052779 号

责任编辑：贾 超 孙静惠 / 责任校对：贾伟娟
责任印制：张 伟 / 封面设计：华路天然

科学出版社 出版

北京东黄城根北街 16 号
邮政编码：100717
http://www.sciencep.com

北京教图印刷有限公司 印刷

科学出版社发行 各地新华书店经销

*

2017 年 3 月第 一 版 开本：A5（890×1240）
2017 年 3 月第一次印刷 印张：5 3/4
字数：140 000

定价：78.00 元

前　言

我国电厂大部分是燃煤电厂，煤炭的燃烧不仅产生大量的粉尘，而且还有 NO_x 等有毒气体。滤袋除尘器是目前公认的在治理烟厂尾气方面最有效的技术设备之一，其核心是滤料。随着滤袋除尘器的推广，粉尘逐渐得到了控制，但对于工业尾气中另一种有毒气体成分氮氧化物的排放，现在还没有有效的控制手段。由于高温选择性催化还原装置还存在不少缺点，而且在工业尾气净化系统中，除尘和脱硝是分别通过滤袋除尘器和 SCR 装置完成的，因此相对于污染物的单独脱除方法，本书提出将低温脱硝催化剂与滤袋相结合的工艺，制备脱硝功能复合滤料，一方面，提升了滤袋的性能，使其具有脱硝催化作用；另一方面，滤袋提供了气体与催化剂极好的接触场所，降低气体扩散的限制，可减少反应所需的催化剂。另外，对于已经使用滤袋除尘器的设备，完成氮氧化物的脱除只需要较小的改造和少量的额外资金投入。

本书以研究和开发新型高效脱硝功能聚苯硫醚复合滤料为目的，不仅使脱硝催化剂与 PPS 滤料间具有牢固的结合力，而且还要求制得的复合滤料具有优异的脱硝活性、透气性及催化稳定性，为工业化应用提供实践基础和理论指导。

国外对同时除尘和脱硝技术的研究进行得比较早，但也只有少量相关报道，而国内在这方面的研究几乎还是空白。这主要是由于过滤材料表面光滑，且化学性质稳定，为无机催化剂的附着带来巨大困难。本书的研究，可填补国内在这一领域的空白，为脱硝功能复合滤料的制备和应用提供新的思路和方法，促进我国脱硝技术的发展和进步。本书是对所开展部分研究工作和取得成果的详细介绍和总结。

全书共 9 章。第 1 章介绍了氮氧化物的危害及控制技术、Mn 基低温脱硝催化剂制备技术、滤袋除尘器及其所用滤料的过滤机理及同时除尘和脱硝技术等方面的知识；第 2 章介绍了聚苯硫醚滤料的制备及表征；第 3 章叙述低温高效 MnO_x/CNTs 脱硝催化剂的制备及性能；第 4 章叙述聚苯硫醚滤料负载 MnO_2/CNTs 催化剂的制备及性能；第 5 章介绍聚苯硫醚滤料的多巴胺改性及其原位生成 MnO_2 催化剂；第 6 章介绍原位聚合法制备二氧化锰/聚吡咯@聚苯硫醚复合滤料；第 7 章介绍表面溶胶-凝胶法制备 TiO_2 包裹的脱硝功能复合滤料；第 8 章介绍 TiO_2 包裹的脱硝功能芳纶滤料的制备及其性能；第 9 章介绍 MnO_2-PPy/芳纶复合滤料的制备及其性能。本书可为脱硝功能复合滤料的制备和应用提供新的思路和方法，为其实现工业化应用提供实践基础和理论指导，以期给予材料科学工作者、研究人员和工程技术人员参考。

在本书编写过程中，博士研究生汪谢和硕士研究生卢秀恋提供了研究工作内容，对本书的研究内容和成果做出了贡献，博士研究生张祥对本书内容进行了校对，在此对他们表示由衷的感谢。

由于作者水平有限，书中难免有不妥和疏漏之处，敬请读者批评指正。

著　者

2017 年 3 月

目　　录

第1章 绪　论

1.1 课题研究背景

空气污染是指人类生产、生活活动或自然界向空气排出各种污染物，其含量超过了环境的承载能力，使空气质量发生明显恶化，使人们的生活、工作、健康、资产以及自然环境等遭受恶劣影响或破坏[1]。随着现代工业的迅速发展和化石燃料的大量使用，空气污染问题日益突出，且成为各个发达国家以及发展中国家所面临的难题，其中污染源主要包括固体颗粒物和有毒气体。

我国是一个燃煤大国，煤炭原料的燃烧会产生大量的污染物。据相关资料统计，空气污染物中87%的二氧化硫(SO_2)、71%的一氧化碳(CO)、67%的氮氧化物(NO_x)和 60%的烟尘来源于煤炭原料的燃烧[2]。在各种燃煤设备中，电厂锅炉排出的氮氧化物排放量占全国总排放量的36.1%以上，烟尘的排放量也占到40%以上，而且随着燃煤火电机组的不断发展，它们的比例将呈逐年上升的趋势[3]。随着我国经济水平的发展和人们环保意识的增强，电厂燃煤锅炉的污染排放问题越来越受关注[4]。

《火电厂大气污染物排放标准》(GB13223—2011)规定新建电厂的烟尘排放量应低于 30mg/m^3。随着人们对烟尘危害认识的加深和对环境保护要求的提高，烟尘排放的标准也将日益严格。

滤袋除尘器是目前公认的在治理工业粉尘和烟尘方面最有效的技术设备之一，其核心是滤料。近几年，随着滤袋除尘器的推广，空气中的粉尘逐渐得到控制。另外，烟气脱硫技术也已经日趋成熟，各种烟气脱硫项目也在有序地进行着。而对于氮氧化物的控制效果却不太明显。随着氮氧化物的污染排放问题日益严重，国家于“十二五”期间加大了对氮氧化物排放的控制力度。环境保护部颁布实施的《火电厂氮氧化物防治技术政策》，引起了相关企业的高度关注。该政策鼓励的具有自主知识产权的新技术包括：烟气脱硝技术、脱硫脱硝协同控制技术以及氮氧化物资源化利用技术的研发和应用；低成本高性能催化剂原料、新型催化剂和失效催化剂的再生与安全处置技术的开发和应用。因此，研究一种新型高效的烟气脱硝工艺成为当前我国研究的重点之一。

1.2 氮氧化物的危害、控制技术及 NH_3-SCR 技术

1.2.1 氮氧化物的危害

目前，NO_x 已与 SO_2、CO 齐名，成为造成空气污染的主要污染源之一[5]，它一般由化石燃料和空气在高温燃烧时产生，主要包括一氧化氮(NO)、二氧化氮(NO_2)和一氧化二氮(N_2O)，其中 NO 占 90%～95%，NO_2 占 5%～10%，而 N_2O 仅有 1%左右。空气中的 NO_x 对人类健康和生态环境均有严重的危害[6-9]。NO 是无色无味的气体，其与血红蛋白中的氧结合能力很强，会严重影响血液的输氧能力并刺激人的眼睛、呼吸器官等，严重时会诱发细胞癌变[10]。另外，NO 还容易在空气中自发地被氧化成 NO_2，从而造成更严重的后果。NO_2 为红棕色气体，可溶于水，它在紫外线的照射下，可与碳氢化合物发生反应并形成光化学烟雾，它对人体也同样具有极大危害，会引起哮喘、支气管炎、肺气肿，严重时可能会导致死亡。需要进一步说明的是，氮氧化物还是引起酸雨、二次微细颗粒物污染及地表水富营养化的主要原因。所以，严格控制 NO_x 的排放，已刻不容缓。

1.2.2 氮氧化物的控制技术

近几十年来，各国已开发出多种烟气脱硝技术并成功应用在燃煤电厂等固定源[11]。这些技术可归纳为两类，即燃烧过程控制技术和尾气控制净化技术[12]。燃烧过程控制技术是通过降低燃烧温度、选择一定的炉型、改进燃烧器的设计及调整炉内燃烧条件等方式实现的，又称低 NO_x 燃烧技术。该技术的优点是投资和运行费用较低，易于工业实施，是当前应用最为广泛和有效的技术之一。但此技术最多可降低约 50%的 NO_x 排放量。对于日益严格的排放要求来说，还需要采用尾气控制净化技术[13]。

尾气控制净化技术即 NO_x 脱除技术，是指采用各种物理、化学手段将烟气中的 NO_x 固定下来或者还原为无毒的 N_2 和其他物质。按控制体系的状态，又可分为湿法和干法：湿法主要包括直接吸收法、络合吸收法、氧化吸收法以及生物净化法等，干法包括吸附还原法、催化分解法及催化还原法。相对于湿法来说，干法处理技术具有操作过程简单、装置运行稳定和脱除效率高等特点，因而成为国际上研究得最多的技术。其中又以选择性催化还原(selective catalytic reduction，SCR)技术最具工艺应用前景。该技术于 20 世纪 70 年代由日本率先应用在燃煤电厂烟气脱硝中，历经多年的发展和完善，现已成为控制 NO_x 排放的国际主流技术。

1.2.3 NH_3-SCR 技术

在有氧条件下，以氨气(NH_3)为还原剂的选择性催化还原反应(NH_3-SCR)是控制 NO_x 排放的有效手段[14-21]，它是将尾气中的 NO_x 还原成 N_2 和水。其反应原理如图 1-1 所示。

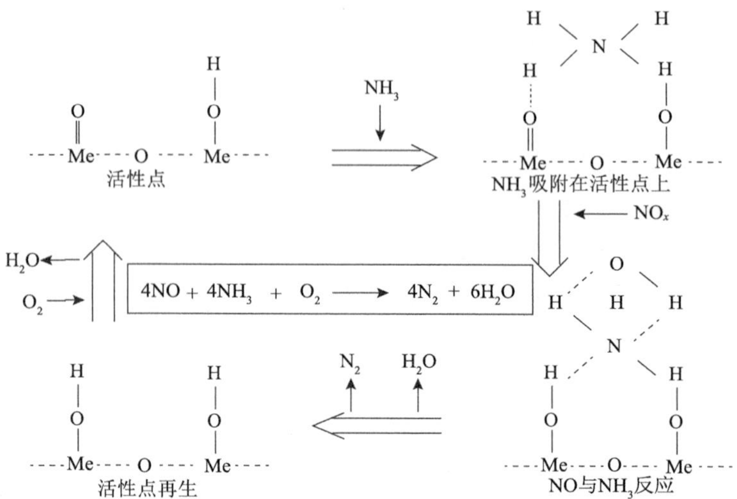

图 1-1 NH_3-SCR 反应机理[22]

上图包括以下几个步骤[18, 23]：

(1) NH_3 通过气相扩散作用到达催化剂表层；

(2) NH_3 由表层经扩散作用至催化剂的微孔内；

(3) NH_3 在催化剂的一些活性中心上发生吸附；

(4) NO_x 从气相扩散至吸附态 NH_3 的表面；

(5) NH_3 和 NO_x 发生氧化还原反应生成 N_2 和 H_2O；

(6) N_2 和 H_2O 通过微孔扩散作用达到催化剂表层；

(7) N_2 和 H_2O 扩散至气相主体。

上述反应在没有添加催化剂的情况下，发生反应的理想温度为800～900℃，但温度过高会引起还原剂 NH_3 氧化分解，使 NO_x 的还原速率迅速下降；当温度低于 800℃时，NO_x 还原的速率非常缓慢，此时需要加入催化剂促进反应的进行。一般商业上常用于此反应的催化剂是以 V_2O_5/TiO_2（锐钛矿）混合 WO_3 或 MoO_3 作为活性组分[24-27]。该催化剂在 300～400℃温度区间内有较高的脱硝活性和抗硫性能，但温度低于此范围时，脱硝活性不明显。

根据电厂锅炉的 SCR 反应器相对电除尘反应器和脱硫装置的安装位置，可将其分为高含尘 SCR（HD-SCR）、低含尘 SCR（LD-SCR）和尾部 SCR（TE-SCR）三种工艺（图 1-2）[28]。在 HD-SCR 工艺中，SCR 反应器布置在锅炉省煤器和空气预热器之间[29]，这种布置的优点是烟气温度高，能够满足催化剂活性的要求，缺点是此时烟气中的烟灰量比较高，对催化剂磨损较严重；在 LD-SCR 工艺中，SCR 反应器布置在电除尘系统之后，脱硫装置之前，此时尾气中的烟尘较少，但 SO_2 中毒影响仍存在，而且尾气温度下降了许多，为满足催化剂的脱硝反应需另外安装蒸汽加热器和烟气换热器，因而增加了成本，其在工业应用上比较少见；对于 TE-SCR 工艺，其基本上可以避免催化剂中毒和磨损问题，大大提高了催化剂的使用寿命，但必须在它前端配置一个气体加热器，以使气体温度达到 SCR 反应所需的温度（300～400℃）。

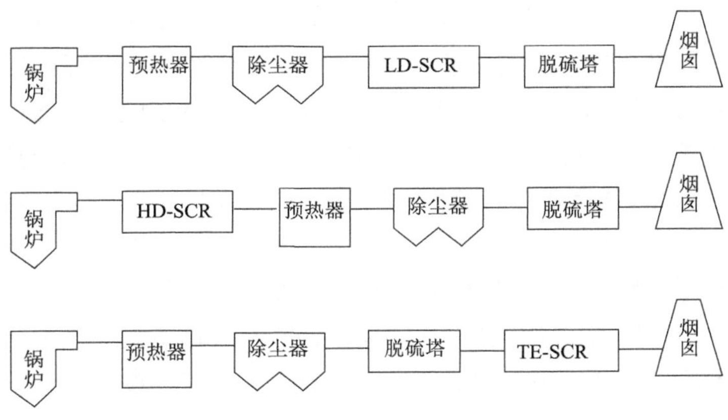

图 1-2 SCR 系统工艺布置图[28]

表 1-1 列出了低温 SCR 技术和高温 SCR 技术的特点。

表 1-1　低温 SCR 技术和高温 SCR 技术的对比

脱硝类型	低温 SCR	高温 SCR
运行条件	低灰低硫	高灰高硫
反应温度	100～200℃	350～400℃
催化剂失活	概率小	概率大
NH_3 利用率	高	低
催化剂用量	小	大
可能引起的问题	不会引起下游堵塞	易造成堵塞和腐蚀

通过比较，可以发现低温 SCR 技术具有如下优点：①烟气经过除尘和脱硫装置后，流速降低，从而使气体在催化剂上停留的时间增加，脱硝效果明显增强；②经过脱硫后，烟气中不会产生 SO_3，从而抑制了 $(NH_4)_2SO_4$ 的生成，减少了 SO_2 对催化剂的毒化作用；③氨的逃逸量较少[27]。但该技术的难点在于：经除尘和脱硫工序后，尾气温度已降至 200℃以下，需要对烟气进行加热才能使商用催化剂发挥脱硝活性，这将大大增加脱硝所需的成本。因此研制和开发在低温下（＜200℃）具有高脱硝性能的催化剂成为最近几十年国际上的研究热点之一[30-35]。

当前，我国使用的脱硝催化剂几乎都是进口的，价格非常昂贵，且相关制备技术被跨国公司所垄断，这就极大地阻碍了我国烟气脱硝技术的进步和应用，因此研发出具有自主知识产权的低温脱硝催化剂及其相关技术变得至关重要。

1.3　Mn 基低温脱硝催化剂研究现状

近年来国内外对低温脱硝催化剂进行了广泛而深入的研究，其中催化剂活性组分主要集中在过渡金属的氧化物[8, 36-40]，如 Mn、Fe、

Ni、Cr、Co、Zr、Cu、La 等，及 Pt、Ra、Au 等一些贵金属。移动源为主的 SCR 反应中更多地使用贵金属催化剂，过渡金属氧化物催化剂主要用在固定源 NH_3-SCR 技术中。锰氧化物由于存在多种易变价态，利于进行氧化还原反应，因此成为国内外低温脱硝催化剂的研究热点。一般将锰基脱硝催化剂分为纯锰氧化物脱硝催化剂和负载型锰氧化物脱硝催化剂[41]，下面分别对其进行综述。

1.3.1 纯锰氧化物脱硝催化剂

研究纯锰氧化物催化剂可避免负载环节对催化剂造成的影响，而将研究目标集中到催化活性组分——金属氧化物上，可为探讨 NO_x 在催化剂上的 SCR 反应机理和优化催化剂活性组分的配方提供基础。研究表明，锰氧化物催化剂的结晶性和氧化态对其催化活性有巨大影响。Tang 等[42]采用流变相法、低温固相法和液相共沉淀法制备了三种不同类型的纯 MnO_x 催化剂，研究发现无定形的结构和较大的比表面积是使催化剂具有较高低温活性的关键因素。Kapteijn 等[36]以无载体的锰氧化物为催化剂，用 NH_3 选择性催化还原 NO，发现无载体催化剂的催化活性和 N_2 选择性是由催化剂的氧化态和结晶程度决定的，其中 Mn_2O_3 的活性和选择性最高，且反应产物的 N_2 选择性随温度的上升而下降。Kang 等[43]采用碳酸钠沉淀法制备了高价态及高表面活性氧组分的锰氧化物催化剂，研究发现催化剂中主要存在无定形的 Mn_3O_4 和 Mn_2O_3，还有残余的碳酸盐物种，它可以帮助催化剂表面吸附更多的 NH_3，从而有利于催化反应。

另外，元素掺杂对锰氧化物的性能也有着重要影响，一方面，可有效地减少烧结现象，提高催化剂的分散性和比表面积；另一方面，掺杂的金属原子与锰氧化物形成固溶体或新的晶相，从而有利于提高催化活性。其中最突出的例子就是 Ce 元素的掺杂，Mn-Ce 复合金属氧化物催化剂是目前国外文献报道的低温脱硝催化剂中活性最好的催化剂。Qi 等[23]采用共沉淀法制备了 Mn-Ce 混合氧化物催化剂。当 Mn/(Mn+Ce) 摩尔分数为 0.4 时，在空速 $42000h^{-1}$，温度 150℃下，其 NO 转化率为 95%。在温度低于 150℃时，没有 N_2O 产生，高于 150℃，会有少量 N_2O。同时他们认为反应首先发生在 NH_3 吸附在催化剂的 Lewis 酸位上，然后与亚硝酸盐反应生成 N_2 和 H_2O，反应过程中可能产生了中间产物，但所有的中间产物都转化为 NH_2NO，最后生成了 N_2 和 H_2O。另外，由于 Ce 可以和 SO_2 结合形成硫酸铈，并储存在催化剂中防止催化剂的活性组分被硫化而失活，因此在催化剂中加入 Ce 还可有效地提高催化剂的抗硫性。

还有其他元素掺杂的 Mn 基脱硝催化剂，如 Min 等[38]采用共沉淀法制备了 Cu-Mn 催化剂；Chen 等采用柠檬酸法制备 Fe-Mn 催化剂，并出现了 $Fe_3Mn_3O_8$ 金相；Peng 等[44]采用共沉淀法制备了 CeO_2-WO_3(CeW) 和 MnCeW 催化剂。Zamudio 等[45]采用凝胶煅烧合成了 $Mn_{1-x}M_xCr_2O_4$(M=Mg, Ca; x=0～0.1) 尖晶矿催化剂。所有这些催化剂均显示出了较高的 NO 转化率和 N_2 选择性。可见元素掺杂对提高 Mn 基脱硝催化剂的活性和选择性有着重要影响。

对于 NO 在 MnO_x 催化剂上的 SCR 反应机理，一般认为有以下两种[46]：

(1) E-R 机理：即 NH_3 首先在 MnO_x 上吸附活化，再与气相中的 NO 反应生成 N_2，具体过程如下：

$$O_2(g) \longrightarrow 2O(a)$$
$$NH_3(g) \longrightarrow NH_3(a)$$
$$NH_3(a) + O(a) \longrightarrow NH_2(a) + OH(a)$$
$$NH_2(a) + NO(g) \longrightarrow N_2(g) + H_2O(g)$$

(2) L-H 机理：即 NH_3 与 NO 分别在催化剂表面吸附活化，再反应生成 N_2，具体过程如下：

$$O_2(g) \longrightarrow 2O(a)$$
$$NH_3(g) \longrightarrow NH_3(a)$$

$$NH_3(a) + O(a) \longrightarrow NH_2(a) + OH(a)$$

$$NO(g) + O(a) \longrightarrow NO_2(a)$$

$$NO(g) + O(a) \longrightarrow NO_2^-(a)$$

$$NH_2(a) + NO_2^-(a) \longrightarrow N_2(g) + H_2O(g) + O(a)$$

$$OH(a) + NO_2(a) \longrightarrow HNO_2(a) + O(a)$$

$$NH_3(a) + HNO_2(a) \longrightarrow NH_4NO_2(a) \longrightarrow NH_2NO(a) + H_2O(g) \longrightarrow N_2(g) + 2H_2O(g)$$

式中，NO_2^-代表硝基物种、单齿硝酸盐和桥式硝酸盐物种。NO 在锰氧化物催化剂上存在两种 SCR 机理，各自进行的程度和所占的比例不同。

1.3.2 以 TiO_2 为载体的 Mn 基脱硝催化剂

将 MnO_x 负载在载体材料上，可以有效分散催化剂活性点，提高其利用效率，还可赋予 MnO_x 催化剂一定的成型工艺，因而其得到了广泛的研究。TiO_2 具有较好的抗 SO_2 效果，是商用催化剂的主要载体，因此常被用作 MnO_x 催化剂的载体材料[8, 33, 47, 48]。

对于一般的纳米颗粒状的 TiO_2 载体，赵崇斌等[49]通过阳极氧化法制备了 TiO_2 纳米管阵列，并对其负载 MnO_x 催化剂进行脱硝性能研究。结果发现，该催化剂在 150～250℃下脱除 NO 的效率达 90%以上。另外，他们还讨论了 NO 在纳米 TiO_2 管内扩散方式对脱硝率的影响，发现在高温条件下，催化反应有可能进入克努森扩散控制状态，因而在一定程度上抑制了反应的进行，使脱硝率出现下降趋势。

相对于无载体催化剂而言，制备方法对载体型 MnO_x 催化剂的分散性起决定作用[50]。Jiang 等[51]采用溶胶-凝胶法、浸渍法、共沉淀法制备了三种 MnO_x/TiO_2 催化剂，发现采用溶胶-凝胶法制备的 $MnO_x(0.4)/TiO_2$ 催化剂在低温下有更高的 NO 脱除活性，有更强的耐 SO_2 能力，在 417K 下，NO 脱除效率达 90%；在 423K，200ppm① 的 SO_2

① ppm 为 10^{-6}。

中，NO 脱除效率能维持在 70%。Mn 和 Ti 相互作用强、比表面积大、羟基浓度高、无定形 Mn 含量高可能是 MnO_x/TiO_2 催化剂具有较高的 NO 脱除效率的原因。Kim 等[52]同样也采用溶胶-凝胶法和浸渍法分别制备了 s-Mn/TiO_2 和 i-Mn/TiO_2 催化剂，得出与 Jiang 等相似的结论。s-Mn/TiO_2 催化剂在低温下具有更高的 NO_x 脱除率，主要是由于 Mn 进入了 Ti 基质中，成为 s-MnO_2/TiO_2 混合物结构的一部分，而 i-Mn/TiO_2 的 Mn 只是附着在 Ti 表面。所以更高的分散率决定了 s-Mn/TiO_2 具有更高的 NO_x 脱除效率。Zhang 等[53]采用超声浸渍法制备 MnO_x/TiO_2 催化剂，与传统的浸渍法和溶胶-凝胶法相比，有更高的 SCR 催化活性，尤其是在低于 120℃的低温范围内。Mn 氧化物呈无定形结构，Ti 和 Mn 的相互作用强，表面 Mn 原子浓度高，更多的 Lewis 酸位点可能是采用超声浸渍法制备的 MnO_x/TiO_2 催化剂具有较高催化活性的原因。

过渡金属的添加使催化剂在更低的温度下有着更高的 NO 脱除效率；使锰氧化物和二氧化钛更好地分散；使在过渡金属、锰氧化物和二氧化钛中形成了固溶体，提高了 BET 比表面积和孔体积；使更多的 NO 氧化成 NO_2 和硝酸盐，然后与 NH_3 反应。因此过渡金属的添加使催化剂的活性有了很大的提高。Thirupathi 等[54]采用湿法浸渍法制备了 Mn-M/TiO_2(M=Cr、Co、Fe、Ni、Cu、Zn、Zr 和 Ce)催化剂。在空速 50000h^{-1}，温度为 160～240℃下，对 Mn-M/TiO_2(M/Mn = 0、0.2、0.4、0.6、0.8)催化剂进行 SCR 活性研究，发现 M/Mn=0.4 的 Mn-Ni/TiO_2 催化剂有较高的催化活性(100%)、较好的 N_2 选择性、较宽的反应温度范围。Ce 的加入能有效提高对 SO_2 的抵抗力，防止催化剂被硫酸化，抑制在催化剂表面形成硫酸铵盐，在 150℃，100ppm 的 SO_2 条件下，6.5h 后 NO 脱除效率依然能达到 84%以上[55, 56]。Ni 的添加可提高表面 MnO_2 相的形成，抑制表面 Mn_2O_3 位的形成。Mn-Ni(0.4)/TiO_2 催化剂高的 SCR 催化活性可能与其还原能力的增强以及占主要地位的 MnO_2 相的形成有关[57]。Fe 的加入不仅能够提高 Mn-Fe/TiO_2 催化剂的 NO 转化为 N_2 的选择性，而且能增强其抵抗 H_2O 和 SO_2 的能力[15]。

1.3.3 以碳质材料为载体的 Mn 基脱硝催化剂

碳质材料如活性炭、活性碳纤维(ACF)、碳纳米管(CNTs)等作为载体材料，因具有高的比表面积、发达的孔径结构、优良的化学稳定性和抗 SO_2 中毒能力而备受关注[58-61]。Kijlstra 等[62]制备了 Mn_2O_3/ACF 催化剂，研究发现在 323～423K 时，Mn_2O_3/ACF 催化剂较传统的 V_2O_5/TiO_2 催化剂有更高的 SCR 活性。Mn_2O_3/ACF 催化剂在 423K 的 SCR 活性可达到 92%，高于 Fe_2O_3/ACF 和 Co_2O_3/ACF 催化剂，也高于 Mn_2O_3/GAC 和 $Mn_2O_3/\gamma\text{-}Al_2O_3$ 催化剂，这可能与微孔内与气体接触的 Mn_2O_3 颗粒能很好地分散有关。沈伯雄等[63, 64]制备了一系列的 MnO_x/ACFN 和 Mn-CeO_x/ACFN 催化剂。研究发现，ACF 先经浓酸预氧化，然后负载 MnO_x，有利于 NO 脱除，并且以质量分数为 20%的 HNO_3 预氧化处理的 ACF 效果最佳。采用等体积浸渍法制备的 Mn-CeO_x/ACFN 复合催化剂，经 400℃煅烧，锰摩尔分数为 40%的 Mn-CeO_x/ACFN 复合催化剂在 80～150℃低温范围具有很高的催化活性。

碳纳米管是近年来被发现的具有良好性能的催化剂载体，其独特的中空结构和表面特性使其能够维持足够的反应活性。通过对 CNTs 进行化学修饰，再使其作为载体制备的催化剂表现出较好的活性、选择性和热稳定性。纪辛等[65]采用等体积浸渍法制备了 M_xO_y(M 表示 V、Mn、Cu 和 Fe)/碳纳米管 4 种催化剂。其中 MnO_x/CNTs 催化剂在 433K 的低温下达到最高的 NO 转化率，为 75.6%。催化剂活性均随着 O_2 含量的增加先升高后降低；在 20～160min 时，催化剂活性随着反应时间的变化基本保持不变；催化剂活性均随氨氮比(NH_3/NO)的增大先升高后降低，最佳 NH_3/NO 为 1.0(体积比)。Huang 等[66]对多壁碳纳米管(MWCNTs)进行等离子体改性后负载了一系列的 MnO_x/MWCNTs，并研究了 Mn 的负载量、煅烧温度和多壁碳纳米管的外径对脱硝率的影响。他们发现当煅烧温度为 400℃，Mn 的负载量为10%和碳纳米管外径为60～100nm时MnO_x/MWCNTs催化剂显示出最佳的活性。MnO_x在MWCNTs上良好的分散性、高浓度的MnO_2和低含量的MnO是导致该催化剂具有较高低温活性的主要原因。Su等[67]发现当部分MnO_x负载在碳纳米管内部时，其SCR活性要高于同等负载量下全部MnO_x都负载在管外时的活性。这可能是由于碳纳米管内表面与MnO_x的电子效应使催化剂显示出更好的供氧能力和吸附NO的能力。Fan等[68]采用溶胶-凝胶法将CNTs添加到Mn-Ce-O_x/TiO_2催化剂中。在空速36000h^{-1}，温度75～225℃下，其NO_x脱除效率超过90%，这与其有较大BET比表面积有关。在100～250℃下，当加入250ppm SO_2，NO_x脱除效率增长到了99.6%。最近，Fang等[69]通过化学水浴沉积法直接在碳纳米管表面还原$KMnO_4$溶液形成nf-MnO_x@CNTs催化剂，观察发现MnO_x在碳纳米管上呈纳米片状。与浸渍法制得的MnO_x/CNTs和MnO_x/TiO_2催化剂相比，化学水浴沉积法制备的nf-MnO_x@CNTs由于具有高浓度的Mn^{4+}和表面含有大量的化学吸附氧物种，因而具有更好的催化反应活性，且该催化剂还具有很好的稳定性和抗水能力。

1.3.4 其他载体的Mn基脱硝催化剂

除了上述提到的TiO_2和碳质材料被经常用作锰氧化物催化剂的载体材料外，还有许多以分子筛、陶瓷、Al_2O_3等材料为载体的Mn基脱硝催化剂，它们同样具有很好的脱硝性能和应用前景。

Zhou等[70]制备了Fe-Ce-Mn/ZSM-5催化剂。当空速为30000h^{-1}，Fe：Ce：Mn的摩尔比为1：1：4时，Fe-Ce-Mn/ZSM-5催化剂在200℃和300℃下的脱硝率分别达到96.6%和98.1%。Mn元素的加入使Brønsted酸位点增加，从而有利于NH_3的吸收，Fe和Ce的加入明显使NO转化为NO_2的能力加强，Fe能使NH_3的氧化能力加强，而Ce的加强效果更明显。Fe、Ce和Mn的加入增强了催化剂的低温催化活性。

Richter等[71]采用特殊沉淀技术在NaY沸石微晶的周围附着了一层无定形的锰氧化物，制得蛋壳状结构的 MnO_x/NaY 催化剂，其低温脱硝活性和抗水抑制能力非常突出。同时，他们认为该催化剂的高活性来源于其蛋壳状的结构。

Tang 等[72]采用浸渍法制备了 MnO_x/AC/C 整体式催化剂，发现该催化剂在低温下的活性很高。在空速为 10600h^{-1}，温度为 150～250℃时，NO 的脱除率达 90%以上。活性炭的加入增强了整体式催化剂的吸附作用，在浸渍过程采用超声处理，可以增强锰氧化物在活性碳纤维上的分散能力，从而促进了它的低温催化活性。

Qi 等[15]采用超声浸渍法制备了 Mn-Ce/TiO_2 和 Mn-Ce/Al_2O_3 催化剂，发现当温度低于 150℃时，前者较后者有更高的脱硝活性；当温度高于 150℃时，后者活性更高。这是由于 Mn-Ce/TiO_2 催化剂提供 Lewis 酸位点，而 Mn-Ce/Al_2O_3 催化剂提供 Brønsted 酸位点。Mn-Ce/TiO_2 催化剂的 SCR 反应是典型的 E-R 机理，即反应发生在平衡的 NH_3/NH_4^+和气相 NO 间。而温度高于 150℃时，Mn-Ce/Al_2O_3 催化剂的 SCR 反应始于 NO 的吸收和氧化，然后是 NO_2 和包含 NO_2 的物质与 NH_3 的反应，这种反应途径有利于高温下 NO 的转化。

当前的研究成果表明，Mn 基催化剂在低温下具有较好的脱硝活性，添加其他金属元素后还可提高它的分散性和抗毒化能力。因此，在本书中，我们采用锰氧化物催化剂进行脱硝性能的研究。

1.4 滤袋除尘器及其所用滤料概述

1.4.1 滤袋除尘器

滤袋除尘器是目前公认的在治理工业性粉尘和烟尘方面最有效的技术设备之一[73]。其核心是滤料，通过滤料固有的物理过滤性能和附着在滤料表面的一次粉尘层的过滤特点来截留烟气中具有一定粒度的粉尘[74]。

滤袋除尘器在国外已有 30 多年的使用历史[75]。20 世纪 70 年代，美国率先将滤袋除尘器应用于燃煤锅炉上，同一时期使用滤袋除尘器的还有澳大利亚，而且到 90 年代初期，其 80%以上的电站锅炉都使用了滤袋除尘器；欧盟以每 10 年 10%的增长速度增加对滤袋除尘器的使用。随着人们对环境保护的认识不断加深及技术的进步，滤袋除尘清灰技术快速发展。目前滤袋除尘器对工业上微细粉尘的控制技术，尤其是对高温冶炼和煤炭燃烧生成的高活性微小粉尘的控制技术已日趋成熟。对微粒粉尘的除尘效率一般都能达到 99%以上，出口气体含尘浓度可达 20～30mg/m^3，并且规格齐全，适用范围广，除尘器不受粉尘物理性质的影响，而且也不存在水污染问题。现在滤袋除尘器已成为发达国家控制燃煤锅炉烟尘排放必不可少的设备。

1.4.2 滤料的过滤机理

滤料一般由针刺工艺制备而成。先在一幅平纹基布上铺一定厚度的短纤维，然后用回形刺的钩针在基布的垂直方向上不断穿插移动，从而使纤维扎到基布纱线中相互交缠在一起，并经反复针刺后成型，最后经热定型、烧毛、压光等工序得到滤料[76]。这种材料内部一般呈三维的杂乱结构，其空隙小而孔隙率较大，透气性好，过滤效果好，因而在近几年来得到越来越多的应用。一般滤料的过滤机理如下：

滤料是由众多短纤维构成，首先研究单根纤维的捕集机理。单根纤维过滤材料捕集微粒的效应有五种，分别是拦截效应、惯性效应、扩散效应、重力效应和静电效应[77, 78]。拦截效应，指当粉尘沿流线刚好运动至纤维表面附近时，大多数细小的粉尘随气流绕流，只有半径大于或等于粉尘中心与纤维边缘之间距离的尘粒，被纤维拦截钩附；惯性效应，指当粉尘沿流线运动并接近纤维体时，气体绕流，而质量较大的粉尘受惯性作用偏离流线，切向运动，与纤维发生碰撞而截留；扩散效应，指粒径≤0.1μm 的微粒在分子热运动的作用下产生不规则的布朗扩散运动，脱离流线，进而被纤维捕集，粒径越小、含尘气体温度越高，扩散效应越明显；重力效应，指当粉尘粒径较大、质量较大，而气体流速较小时，尘粒在重力的作用下，脱离运动轨迹，沉落在纤维表面而被捕集；静电效应，指受摩擦感应或外加电场作用，粉尘或纤维带电，当两者所带电荷极性相反时，在库仑力的作用下，粉尘被纤维吸引而捕集。

在过滤过程中，微粒被捕集可能是一种效应作用的结果，也可能是几种或所有效应共同作用的结果，这与微粒尺寸、气流速度、纤维直径等因素有关。对于粒径大于 1.0μm 的粉尘，以惯性碰撞、拦截和重力效应为主；对粒径小于 0.2μm 的粉尘，以分子扩散和静电效应为主。当流速大于 15cm/s 时，惯性碰撞作用加强；当流速小于 5cm/s 时，重力、扩散、拦截效应比较明显。气流温度越高，扩散作用越强，惯性效果越弱；气流湿度升高，会使静电效应消失；气流压力降低，使空气密度减小，扩散效应和惯性效应增强，且气流温度升高的同时压力降低，由于压力降低的影响比温度升高的影响大得多，故惯性效应和扩散效应都会增强。

一般的机织布是由纤维纺制成纱线，再用纱线织成多种织纹的二维平面纤维集合体，其纤维层厚度较薄，通常小于 1mm，孔径在 30～60μm 之间，过滤效率为 99%(静态)，透气量为 120L·m^2/s，孔隙率在 35%～50%。与一般的机织布不同，针刺工艺制备的滤料的过滤机理相对比较复杂，由于它呈现独特的三维立体式杂乱结构，没有直通的空隙，透气量大，容尘量也大，因而过滤效率更高。另外，针刺滤料是由纤维用针刺交勾络合而成，其纤维层较厚，通常在 1.5～2.5mm 之间，平均孔径为 10～40μm，静态过滤效率达 99.97%，透气量也可达 330 L·m^2/s，孔隙率更是高达 80%。所以在相同的条件下使用时，针刺滤料的过滤风速能提高一倍多，即在同等的过滤面积上，可以处理更多的废气量。

滤料是滤袋除尘器的核心，其性能和质量直接影响到除尘器的寿命和除尘效果。目前，在针刺过滤材料中有 90%是采用常温（＜150℃）合成纤维，其余主要是耐高温（＞150℃）合成纤维和玻璃纤维。从 20 世纪 70 年代开始，国外就一直致力于开发耐高温的合成纤维，以满足实际工况条件下的使用，随着合成技术的进步，新的耐高温纤维品种不断涌现，推动了高温烟尘过滤产业的发展[79, 80]。国内由于受化纤工业的影响，中高温合成纤维品种较少，而且主要以玻纤为主。玻纤虽然价格低廉，但耐磨性、耐折性差，它的使用受到了限制。国内主要通过进口耐高温纤维来满足日益增长的需求，其主要品种有间位芳香族聚酰胺（Nomex）、聚酰亚胺（P84）、三聚氰胺（Basofil）及聚苯硫醚（PPS）等品种[81]。由于每种纤维的耐酸性、耐碱性、耐水解性和价格等各不相同，因此在实际应用中需要根据不同的工况条件和行业来选择适宜的耐高温纤维制成滤料，以得到较好的经济效果和使用效果。其中，PPS 滤料具有许多优异的性能和较高的性价比，因而成为电厂燃煤锅炉和垃圾焚烧炉滤袋上的首选材料[76, 82, 83]。

1.4.3 聚苯硫醚滤料

PPS 是一种半结晶的线型聚合物，其化学结构式如图 1-3 所示。它一般由硫化钠和二氯苯在 *N*-甲基吡咯烷酮或碱金属羧酸盐的极性有机溶剂中缩聚而成。它的玻璃化温度约为 90℃，熔点为 285℃。重要的是，PPS 具有以下特点。

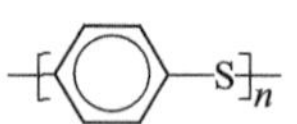

图 1-3 聚苯硫醚的化学结构式

(1) 优异的耐热稳定性，其热变形温度在 260℃以上，在空气中 700℃才降解，于 1000℃的惰性气体中质量仍可保持 40%，能在 200～240℃的环境中连续使用，并且机械性能不会发生改变。

(2) 优异的耐腐蚀性，其耐化学腐蚀性能和“塑料之王”的聚四氟乙烯相近，可抵抗各种酸、碱、酮、醇、酯、氯代烃等化学试剂的侵蚀，并在沸腾的氢氧化钾和浓盐酸溶液中无任何变化[84]。在200℃以下几乎不溶于任何有机溶剂，即使在α-氯萘或二苯醚等特殊试剂中，也需在200℃以上才发生溶解[85]。

(3) 优异的阻燃性，其极限氧指数为34%，在火焰上可以燃烧，但不会滴落，离开明火会自行熄灭，发烟率低于卤代聚合物。在不需要添加任何阻燃剂的情况下就可达到UL-94V-0的标准。

(4) 优良的电性能，其介电常数在3.9～5.1之间，介电强度为13～17kV/mm，在高温、高湿、变频等条件下仍可保持良好的绝缘性。

(5) 优良的尺寸稳定性，其成型收缩率和线性膨胀系数很小，其中成型收缩率为0.15%～0.3%，最低可达0.01%，吸湿率也仅有0.6%，因此长期浸泡在水中其尺寸并不会发生改变，即使在有机溶剂中其改变量也是相当有限的。

(6) 毒性很小，对人体或环境无害，并可用于制造和食品直接接触的设备。

PPS具有如此多的优异特性，因此由PPS纤维制成的针刺毡滤料同样具有出众的阻燃性、耐酸碱腐蚀性、抗水解性和尺寸稳定性，并且它可连续暴露在190℃的高温环境中使用。另外，PPS滤料还具有较高的性价比，因而成为电厂燃煤锅炉和垃圾焚烧炉滤袋上的首选材料[76, 82, 83]。包林初[83]对上海皆成无纺材料有限公司制造的PPS针刺滤料的耐热性进行了研究，发现在190℃条件下，PPS滤料经过长达一个月的实验，强度保持率虽有下降，但仍可保持在90%以上；室温条件下，其在60%的H_2SO_4溶液或40% NaOH溶液中浸渍480h后，经、纬向强力与原始PPS滤料的强力基本保持一致。还有资料显示，PPS滤料在室温下经60% H_2SO_4溶液浸泡72h后，强度保持率增加到105.7%。李利君等[86]采用热失重、氧指数及锥形量热法对比和分析了PPS滤料与Nomex织物的热稳定性能及燃烧性能，研究发现 PPS 滤料比 Nomex 织物的热稳定性和阻燃性更好，发生火灾的概率较小，发烟量也少。但是，PPS 滤料最大的不足在于其抗氧化性能相对较差，一般要求烟气中氧气的体积分数低于 10%，氮氧化物的含量小于 600mg/Nm^3。庄玉玲[87]采用气体实验法对 PPS 滤料在氧气中的氧化过程进行了研究，发现 PPS 在高温条件下(200℃左右)会与氧发生交联反应，并使滤料的脆性增大、韧性降低，产生老化现象。因此，建议在氧气含量高的条件下，滤料的使用温度控制在 140℃以下。另外，她还指出，虽然 PPS 滤料对 SO_2 具有良好的耐腐蚀效果，但当其体积比超过 700mL/m^3，且烟气温度又高于 170℃时，PPS 滤料的连续使用时间不宜超过 96h[88]。

1.4.4　覆膜滤料

2009 年 12 月，我国环境保护部正式宣布，在未来几年里将逐步展开 PM2.5 和臭氧这两种空气污染物的监测，并将采取治理措施。这无疑对各工矿企业的粉尘排放量提出了更高的要求。普通滤料根本无法满足这一要求，而覆膜滤料由于具有很小的孔隙，因而能够有效地拦截和过滤PM2.5甚至PM1.0等超细粉尘，达到“零排放”标准[73, 89-91]。20 世纪 70 年代，美国戈尔公司首先研制出了膨体聚四氟乙烯(ePTFE)覆膜过滤材料，它是通过特殊的工艺将PTFE制成微孔薄膜，然后将其覆合到各种基布材料上(图 1-4)[89, 92, 93]。

覆膜滤料表面呈现微孔结构，其孔径大小为 0.05～3μm，而普通滤料平均孔径在 37μm[95]。它是在普通滤料表面覆合一层多孔聚四氟乙烯(PTFE)薄膜而形成的一种新型过滤材料，这层 PTFE 薄膜起到了一次粉尘层的作用，薄膜特有的立体网状结构，以及薄膜的微孔空隙与粉尘粒径相当，使粉尘无法穿过，所以不用担心粉尘颗粒堵塞滤料孔隙的问题。同时由于 PTFE 薄膜具有不黏性、摩擦系数小，因而清灰时粉饼容易脱落，长期运行也不会对压降有太大影响。

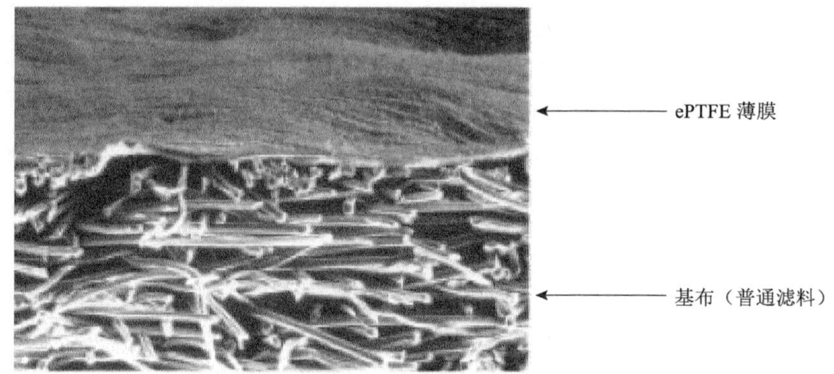

图 1-4 覆膜滤料的微观结构[94]

1.4.5 芳纶滤料

芳纶纤维的种类较多。目前已经实现工业化的主要为 Nomex(芳纶 1313)、Kevlar(芳纶 1414)纤维，其中，用于烟气除尘滤料和各种工业炉窑烟气净化的主要是 Nomex(聚间苯二甲酰苯二胺)[18]。

聚间苯二甲酰苯二胺是由间苯二胺与间苯二甲酰氯缩聚而成的线性高分子，英文名为 poly(*m*-phenylene isophthalamide)。从图 1-5 可知，其分子结构是由苯基以及酰胺键构成的，且酰胺键连接在苯环的间位上。相比于对位芳纶，间位芳纶不具有共轭效应，可旋转角度较大，内旋转位能较小，分子链表现出一定的柔性。芳纶 1313 的主要性能特点如下[19, 20]。

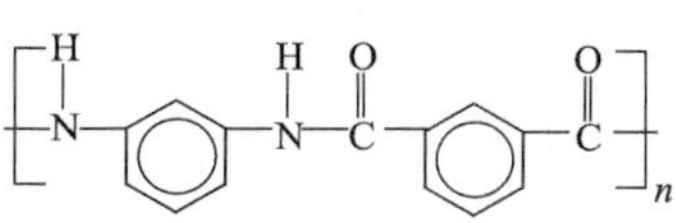

图 1-5 芳纶 1313 的结构式

(1) 良好的持续耐热性。芳纶 1313 在 200℃条件下工作时，强度可维持在原有强度的 80%左右，而在 260℃下连续工作 1000h 后强度依然能维持在 65%～70%之间。具有极不明确的熔点，在 370℃以上才开始分解，释放出少量气体。

(2) 良好的耐化学腐蚀性。芳纶 1313 耐碱性良好，但长时间置于苛性碱中强度下降；可耐大多数酸，将其长时间置于 HNO_3、HCl 和 H_2SO_4 溶液中强度稍有下降；耐部分漂白剂，在 NaClO 溶液中强度稍有损失；对氧化物稳定，在 250℃的腐蚀气体作用下，强度仍能维持在 60%左右。

(3) 良好的阻燃性。芳纶 1313 是一种难燃纤维，它的极限氧指数为 26.5～30，在空气中不会燃烧，也不助燃，高温燃烧时表面碳化，具有自熄性，在火焰中不产生熔滴。

(4) 芳纶 1313 还拥有优异的电绝缘性，能耐 10 万 V/mm 的击穿电压；以及可纺性、耐辐射性等性能。

1.5　同时除尘和脱硝技术的研究状况

1.5.1　多孔陶瓷泡沫催化过滤器

关于同时除尘和脱硝一体化的研究，最早出现在 20 世纪 90 年代初。Saracco 等[96, 97]以多孔陶瓷泡沫过滤器为载体，先在其孔洞表面沉积上一层 γ-Al_2O_3，以增大陶瓷载体的比表面积，并为催化剂的附着提供固定和分散的位点。然后沉积上 V_2O_5-Al_2O_3 催化剂制得催化过滤器，使该陶瓷过滤器同时具有除尘和脱硝的功能。脱硝活性测试结果显示，当气体在陶瓷过滤器表面流速为 65m/h 时，NO 的转化率可达到 96%(反应温度为 300℃左右)。但是，这种过滤器的孔径太大，对粉尘的过滤效果不是很好。因此，Fino 等[98]将该多孔陶瓷过滤器安装在高温滤袋除尘器的内部，使烟气中的颗粒先经过过滤除去，剩下气体穿过滤袋到达陶瓷催化过滤器上进行催化还原。另外，他们还优化催化剂配方，将 MnO_x-CeO_2 和 V_2O_5-WO_3-TiO_2 催化剂一同沉积在陶瓷泡沫过滤器上，实现飞灰、NO_x 和 VOCs

三者的同时脱除。NO_x和VOCs的脱除率在200～210℃时可达到80%以上。模拟研究和SEM观察显示，部分孔道被催化剂颗粒堵塞，这给进一步改进催化剂在陶瓷泡沫材料上的分散性指明了方向。

1.5.2　戈尔催化覆膜滤料

Gore公司在1998年开发出了一种名为Remedia催化过滤袋的商品[99, 100]，它将催化剂与聚四氟乙烯通过特殊工艺结合在一起并织成滤袋，滤袋表面再附着一层聚四氟乙烯微孔薄膜，用于过滤固体颗粒物，仅让气体通过滤料基层并与其上的催化剂接触，从而实现催化还原反应。该产品的滤袋在处理垃圾焚烧厂二噁英的排放方面具有很好的效果。图1-6为Remedia催化过滤袋分解NO_x的示意图，Dvořák等[101]对它催化还原NO_x的性能进行了研究和对比，发现其平均脱硝率可达33.2%，比其他常规的脱硝装置的效果差。

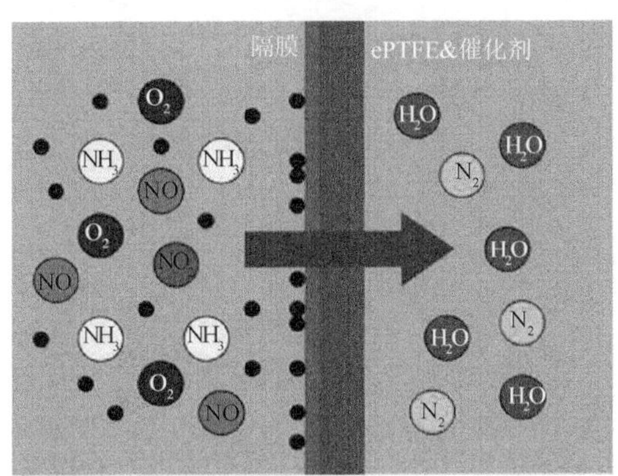

图1-6　Remedia滤料催化还原NO_x的示意图[101]

1.5.3 催化剂直接负载的脱硝功能复合滤料

Park 等[102]将 $CuMnO_x$ 催化剂通过真空抽吸的方法负载到芳砜纶滤料上，然后在表面附着一层高温泡沫层，既可过滤微细颗粒物，又可防止催化剂脱落。他们对催化剂的负载量、反应运行温度进行了考察，结果发现，催化剂负载量为 350g/m^2，反应温度为 200℃时，NO 的转化率可达 90%。

最近，王敏[103]直接将柠檬酸法制得的 MnO_x 脱硝催化剂负载到滤料上，考察了该复合滤料的脱硝性能，结果发现其在 120～150℃、烟气氧含量为 5%(体积分数)、氨氮比为 1 时，脱硝率可达 90%，证明了滤袋除尘器和低温脱硝催化剂一体化的工艺在理论上是可行的。

第 2 章　聚苯硫醚滤料的制备及表征

2.1　聚苯硫醚滤料的制备及参数

基于 PPS 滤料具有许多优异的物化性能，并被广泛应用于燃煤电厂、垃圾焚烧等行业，因此本实验用它作为研究对象。该滤料是由厦门三维丝环保股份有限公司提供，不含任何添加剂。另外，它是用细度为 1.5～3dt，长度为 50～65mm 的聚苯硫醚短纤维(日本东丽)通过针刺工艺加工而成，其工艺路线如图 2-1 所示。

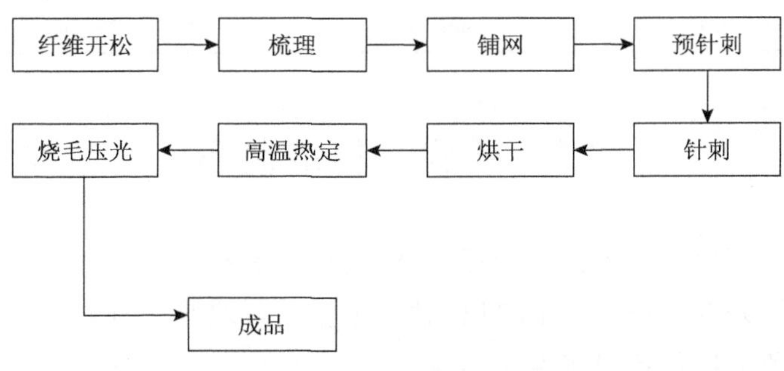

图 2-1　PPS 滤料的制造工艺路线

针刺工艺是将短纤维通过机械缠结的作用交织在一起形成一块布料，并不会影响纤维原有的特性。与传统的纺织技术相比，针刺工艺制得的滤料中的纤维呈立体交错排列，充分发挥了纤维的捕尘功能，空隙小，孔隙率大，因而透气性好，阻力低。图 2-2 显示了采用针刺工艺制得的 PPS 滤料的实物图。表 2-1 列出了该 PPS 滤料的相关参数。

图 2-2　PPS 滤料的实物图

表 2-1　聚苯硫醚滤料的参数

指标	单位	参数
克重	g/m^2	500
厚度	mm	2.0
透气量	$L/(dm^2 \cdot min)$	125
平均孔径	μm	37

2.2　覆膜滤料的制备

覆膜滤料的制备是以上述 PPS 滤料为基材，在其某一面上附着一层孔径为 0.1～5μm 的 PTFE 微孔薄膜，以增强复合滤料的过滤性能。制备过程包括以下两个步骤：

1. 涂层复合滤料的制备

以聚四氟乙烯分散液为主要原料，并向其中添加适量的增稠剂、促进剂、发泡剂等，经搅拌混合后将该混合液涂覆在 PPS 滤料表面，然后送入高温烘箱中进行烧结处理，最终在 PPS 滤料的表层形成一层均匀的聚四氟乙烯涂层[104]，从而提高滤料和 PTFE 微孔薄膜的结合牢度。

2. PTFE 覆膜滤料的制备

采用电磁加热技术和 PID 控制技术，对 PPS 滤料进行覆膜操作，其工艺流程如图 2-3 所示。

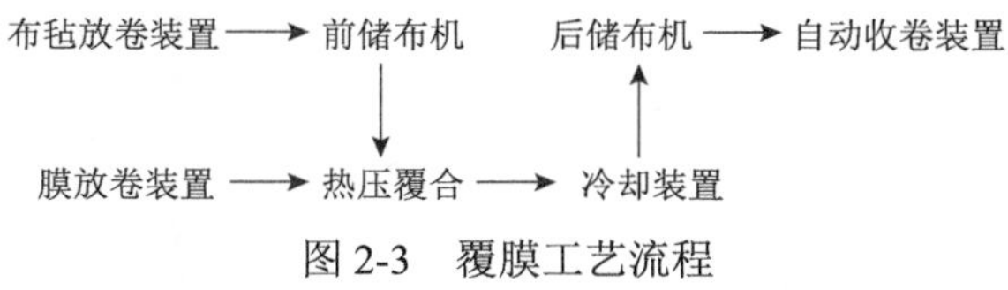

图 2-3　覆膜工艺流程

通过布毡放卷装置和前储布机张力控制系统，使覆膜前及覆膜过程中滤料的张力、平整度得到控制。采用特殊的膜放卷装置，以保证薄膜在放卷时不会发生纵向拉伸，还可使 PTFE 微孔薄膜得到充分展平。

2.3　聚苯硫醚滤料的表征

2.3.1　脱硝活性测试及其实验装置

催化剂和复合滤料的脱硝活性测试是在自制的不锈钢管式固定床反应器(外径 38mm，内径 28mm)中进行，其实验装置如图 2-4 所示，测试前样品均需剪成直径为 38mm 的小圆块，其中催化剂粉末的测试是夹在两片空白 PPS 滤料中进行。实验所用气体参数和规格见表 2-2，各部分组成见表 2-3。管式电阻炉用于控制催化反应的温度，质量流量计控制各气体的流量，其中气体的成分均模拟烟气中组成，即 NO 为 500ppm，NH_3 为 500ppm，O_2 占 5%，其余为 N_2，气体总流量为 700mL/min，空速(GHSV)以气体流量除以测试样品的体积计算。气体在进入管式电阻炉之前先通过气体混合器混合均匀，再经过预热器预热至一定温度。实验测试温度范围为 80～180℃。KM940 烟气分析仪用以测定管式电阻炉中进出口气体的成分及含量。各测试点均需在温度稳定 30min 后测试。

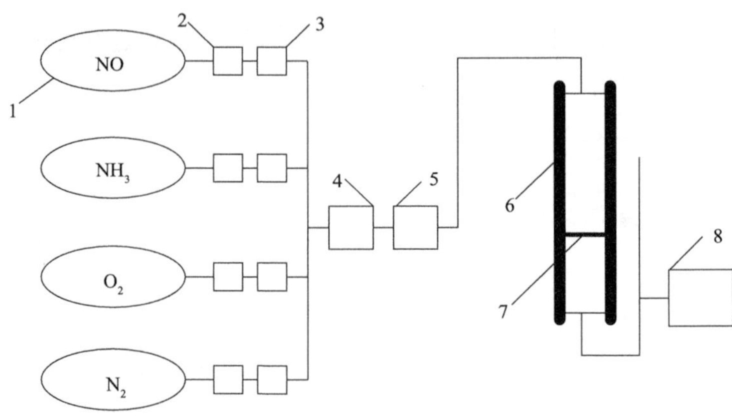

图 2-4 脱硝活性测试装置示意图

1.气源；2.减压阀；3.质量流量计；4.混合器；5.预热器；6.加热器；7.测试样品；8.烟气分析仪

表 2-2 实验使用的气体参数和规格

气体成分	浓度	规格
N_2	99.99%	T40L/15MPa
O_2	99.99%	T40L/15MPa
NO/N_2	0.99%	Al8L/10MPa
NH_3/N_2	0.99%	Al8L/10MPa

表 2-3 测试装置组成一览表

仪器名称	规格型号	生产厂家
减压阀	YQD-6	上海减压器厂有限公司
质量流量计	D07	北京七星华创电子股份有限公司
流量显示仪	D08-4F	北京七星华创电子股份有限公司
管式电阻炉	SK4-10	上海锦屏仪器仪表有限公司
高温电炉自动恒温控制台	SK4-10	上海锦屏仪器仪表有限公司
烟气分析仪	KM940	英国凯恩

催化剂的脱硝活性由 NO 的转化率反映，并由下式计算得到

$$\text{转化率}=\frac{\text{入口NO的浓度}-\text{出口NO的浓度}}{\text{入口NO的浓度}}\times 100\%$$

2.3.2　结合强度测试

脱硝功能复合滤料的结合强度测试是在脱硝活性测试装置中进行的，将复合滤料放入 2000mL/min 的氮气气流下，每隔 1h 取出称重一次，共进行 5h，通过催化剂在复合滤料上的负载量的变化来表征催化剂和滤料间的结合强度。

2.3.3　透气性能测试

催化剂粉末和脱硝功能复合滤料的结合强度测试是在脱硝活性测试装置中进行的，将催化剂粉末或复合滤料放入 1000mL/min 的氮气气流下，通过烟气分析仪测试其在常温下进出口的压力之差，并通过压降来表征催化剂和复合滤料的透气性。

2.3.4　程序升温还原测试

程序升温还原（TPR）测试是在 TP5080 型的动态吸附仪上进行，用以研究不同锰氧化物催化剂的氧化还原性能。它通过逐步升温，观察催化剂被还原的难易程度及消耗的 H_2 的量。在测试前，样品需在 200℃用纯 N_2 吹扫 1h 左右，然后取 50mg 的催化剂粉末进行试验，还原气体为氢氮混合气（H_2 浓度为 6%），气体流速设为 30mL/min，升温速率设为 10℃/min，测试温度范围为 50～800℃。

第3章　低温高效 MnO_x/CNTs 脱硝催化剂的制备及性能

3.1　引　　言

氮氧化物(主要是一氧化氮)的排放已经引起了一系列环境和健康问题，如光化学烟雾、臭氧层破坏、酸雨和温室效应等[6-8]。在有氧条件下，以氨气为还原剂的选择性催化还原反应可以有效控制氮氧化物的排放，是最具工业应用前景的脱硝技术[15-17]。其中，催化剂又是该脱硝技术的核心，直接关系到脱硝系统的脱硝率和使用场所。V_2O_5-WO_3(MoO_3)/TiO_2 催化剂是工业上常用的脱硝催化剂[14, 26]，在300～400℃范围内具有较高的催化活性。但是，它在300℃以下的催化活性非常低。而且该催化剂安置在脱硫系统和除尘系统之前，容易受到烟气中粉尘和 SO_2 的影响而失活。因此，一般建议将脱硝催化剂放置在脱硫系统和除尘系统之后，或者直接负载在滤袋除尘器的滤料上，从而避免催化剂受烟气中的粉尘和 SO_2 的影响。但是，此时烟气中的温度较低(＜200℃)，因此，必须研究和开发新型的低温高效脱硝催化剂。

近十几年来，国内外对低温脱硝催化剂进行了广泛而深入的研究，其中锰氧化物由于存在多种活泼的价态，容易进行氧化还原反应，且成本低，具有环境友好性等优点，因此成为研究的热点[42, 105-109]。另外，锰氧化物负载在各种载体上，如 Al_2O_3[30, 62, 107]、TiO_2[47, 109, 110]、CeO_2[18, 23, 108]等，可以有效分散催化剂活性组分，增加比表面积，从而提高锰氧化物在低温下的脱硝活性。

碳纳米管作为新型的载体材料具有许多优点，如比表面积大、与金属颗粒相互作用强、具有明显的孔结构及耐酸碱和抗毒化等[58, 111-116]。另外，与一般的催化剂载体材料相比，碳纳米管具有较大的长径比和独特的大 π 电子云结构，这为脱硝催化剂与其他材料的多样复合提供了可能性[117-119]。尽管之前已经有不少研究报道了碳纳米管负载型脱硝催化剂，但它们的活性都集中在 200～300℃的温度范围内，而在低温下的脱硝活性均不是很理想。因此，研究和开发新型低温高效的碳纳米管负载型脱硝催化剂具有重要的理论和实际应用价值。

本章以制备低温高效 MnO_x/CNTs 脱硝催化剂为目的，首先采用不同的煅烧条件制备了三种 MnO_x/CNTs 脱硝催化剂，并对它们的结构和性能进行分析，研究了煅烧条件影响 MnO_x/CNTs 脱硝催化剂低温活性的主要原因。然后，在此基础上采用低温液相法制备出高效的 MnO_2/CNTs 脱硝催化剂，为其负载到聚苯硫醚滤料上做准备。

3.2　低温高效 MnO_x/CNTs 脱硝催化剂的制备

3.2.1　碳纳米管的酸化

酸化不仅可以除去碳纳米管中的杂质[120]，还可在碳纳米管上产生含氧功能基团，为其后吸附并固定催化剂颗粒提供位点。其具体操作如下，将 3g 左右的碳纳米管加入到 150mL 浓硝酸中，超声分散 15min 后，在 140℃下回流 4h。然后对经酸化处理的碳纳米管进行冷却、稀释和抽滤，并用去离子水和乙醇洗涤至滤液呈中性(pH=6～7)，洗涤后的滤饼在真空干燥箱中 80℃干燥 24h，最后将干燥后的酸化碳纳米管用研钵研磨成粉末状备用。

3.2.2 高温煅烧法制备三种 MnO_x/CNTs 脱硝催化剂

MnO_x/CNTs 催化剂的前驱体采用等体积浸渍法制备，具体操作如下：将酸化后的碳纳米管用一定量的硝酸锰水溶液浸渍(所用硝酸锰水溶液的体积与碳纳米管的吸水量相等，即为等体积浸渍法)，然后在室温下静置 24h，使锰离子在碳纳米管上充分吸附，再在 110℃干燥 12h，即形成催化剂前驱体。最后将催化剂前驱体在不同条件下煅烧制得三种 MnO_x/CNTs 脱硝催化剂。其中，在 250℃空气中煅烧 2h 的样品记为 MnO_x/CNTs-A1；在 300℃空气中煅烧 50min 的样品记为 MnO_x/CNTs-A2；在 300℃的纯氮气中煅烧 2h 的样品记为 MnO_x/CNTs-N1。根据之前的文献研究，所有样品中的 Mn/C 的摩尔比均取 1%。

3.2.3 低温液相法制备 MnO_2/CNTs 脱硝催化剂

MnO_2/CNTs 催化剂由液相共沉淀方法制得，首先将一定数量的乙酸锰和酸化碳纳米管加入到 50mL 去离子水中，混合搅拌 6h，使二价锰离子在碳纳米管上充分吸附。随后将 50mL 高锰酸钾溶液加入到上述混合溶液中，继续剧烈搅拌 6h。其中，乙酸锰与高锰酸钾的摩尔比为 3∶2。MnO_2 催化剂按如下反应式获得

$$3Mn^{2+} + 2Mn^{7+} \longrightarrow 5Mn^{4+}$$
$$Mn^{4+} + 2H_2O \longrightarrow MnO_2 + 4H^+$$

最后将制得的催化剂过滤，并用去离子水洗涤数次。最终的产品在 100℃的真空干燥箱中干燥 12h。制得的催化剂以 $Y_{MnO_2/CNTs}$ 表示。Y 代表 Mn/C 的摩尔比（$n_{Mn} = n_{Mn^{2+}} + n_{Mn^{7+}}$）。

3.3　低温高效 MnO_x/CNTs 脱硝催化剂的性能

3.3.1　碳纳米管酸化前后的结构及性能表征

酸化一方面可以改善碳纳米管表面的亲水性，接上羟基和羧基等功能基团，为催化剂颗粒的固定和分散提供位点；另一方面还可打开碳纳米管的末端端口，增大其比表面积。本节以浓硝酸对碳纳米管进行酸化处理，采用 FTIR、FESEM、EDS 及 BET 等表征手段研究了碳纳米管经酸化处理前后的结构和性能变化。

1. 红外光谱分析

图 3-1 为碳纳米管酸化处理前后的红外光谱图。原始碳纳米管[图 3-1(a)]在 $3446cm^{-1}$、$1627cm^{-1}$、$1571cm^{-1}$、$1387cm^{-1}$、$1156cm^{-1}$ 和 $1013cm^{-1}$ 等处均有明显的吸收峰。查阅文献可知[65, 82, 121]，同时出现在 $3446cm^{-1}$ 和 $1627cm^{-1}$ 两处的吸收峰为碳纳米管表面吸附水的羟基峰；$1571cm^{-1}$ 和 $1387cm^{-1}$ 处的吸收峰来自碳纳米管苯环骨架上 C═C 的伸缩振动；$1156cm^{-1}$ 和 $1013cm^{-1}$ 处的吸收峰来自 C—OH 基团中—OH 的伸缩振动。这说明原始碳纳米管表面含有一定数量的羟基基团，这可能是由于它在出厂前经过了纯化处理。图 3-1(b)显示了碳纳米管经酸化处理后的红外光谱图，它不仅出现了原始碳纳米管的各种特征峰，还在 $1703cm^{-1}$ 和 $1242cm^{-1}$ 两处出现了新的吸收峰。$1703cm^{-1}$ 和 $1242cm^{-1}$ 处的吸收峰分别来自于羧基官能团(—COOH)上 C═O 的伸缩振动和 C—O 的伸缩振动[122, 123]。这说明碳纳米管经过硝酸酸化后，表面引入了羧基官能团，而且酸化后的碳纳米管在 $1156cm^{-1}$ 和 $1013cm^{-1}$ 处的吸收峰明显增强，表明经酸化后的碳纳米管表面引入了更多的 C—OH 基团。

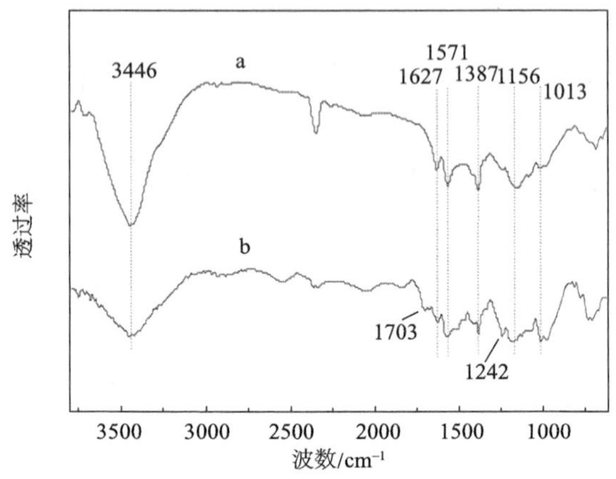

图 3-1　原始碳纳米管(a)和酸化碳纳米管(b)的红外光谱图

碳纳米管经过酸化处理后表面产生羧基和羟基的原理分析[22]：煮沸的硝酸会分解产生 NO_2 和自由氧。当两个自由氧原子与碳纳米管上的一个碳原子结合时，就会产生 CO_2，这样就会使碳纳米管破损或断裂，而在破损或断裂处的碳原子就会由于不饱和而提高活性。当一个氧原子与一个碳原子结合时，就会在碳纳米管上产生一个羟基，产生的羟基会进而与水中的 H^+、OH^-及自由氧等结合形成—COOH 或 C—OH 基团。另外，不饱和碳原子与—OH 自由基结合也可形成羟基。在碳纳米管表面引入羧基和羟基官能团的目的是为后续催化剂的负载提供更多的活性位点，从而可以有效固定和分散催化剂，提高催化效率。

2. 微观形貌及成分分析

图 3-2 显示了原始碳纳米管和酸化碳纳米管的 FESEM 图像。对比图 3-2(a)和图 3-2(b)可以发现，原始碳纳米管端口基本都是封闭的结构，而经过酸化处理后，碳纳米管的端口几乎都被打开，但是碳纳米管的管身并未遭到破坏，这主要是由于碳纳米管端口是由五元环或七元环组成，它们的化学性质不稳定，更容易遭到破坏。另

外，图 3-3 显示了碳纳米管酸化处理前后的 EDS 谱图，从图中可以看出，原始碳纳米管内部包含一定数量的 Ni 元素。经过酸化处理后，Ni 元素被除去，并且 O 元素的含量从 0.79%增加到 1.74%，说明酸化碳纳米管中包含更多的羟基和羧基基团，这与红外谱图分析得到的结果是一致的。

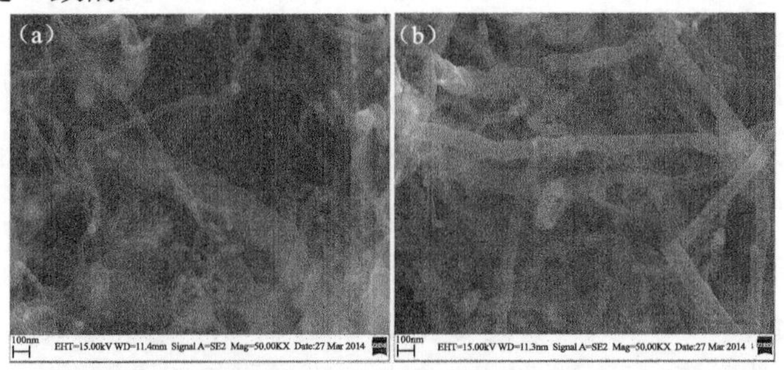

图 3-2　原始碳纳米管(a)和酸化碳纳米管(b)的 FESEM 图像

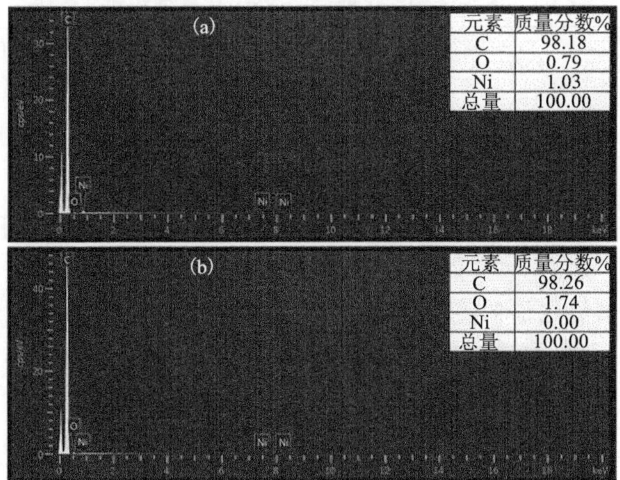

图 3-3　原始碳纳米管(a)和酸化碳纳米管(b)的 EDS 谱图

3. 比表面积分析

比表面积是反映催化剂活性的重要参数之一，其大小直接关系到催化剂与反应气体在催化反应中接触面积的大小，从而影响催化反应过程的快慢。另外，催化剂的孔容也是影响催化反应的重要因素之一，孔容越大，气体的内扩散阻力越小，反应速率就越高，催化剂的利用效率会提高。

从表 3-1 中可以看出，原始碳纳米管的比表面积为 72.2505m^2/g，用浓硝酸在 140℃条件下对碳纳米管进行氧化处理后，碳纳米管的比表面积明显增加，提高到 91.3535m^2/g。而且碳纳米管的孔体积也从 0.1458cm^3/g 提高到 0.1750cm^3/g。这是因为经过浓硝酸处理后的碳纳米管末端的管口被打开并且表面及内部填充的杂质被除去，从而使比表面积和孔体积都增加。另外，碳纳米管经酸化处理后，样品的平均孔径从 8.0709nm 减小到 7.6626nm，这可能是由于碳纳米管表面引入更多的含氧基团，从而使相互间的吸引力增加，碳纳米管的堆积更为紧密。

表 3-1　碳纳米管酸化前后的 BET 比表面积和孔体积

样品	S_{BET}/(m^2/g)	V_{BJH}/(cm^3/g)	平均孔径/nm
原始碳纳米管	72.2505	0.1458	8.0709
酸化碳纳米管	91.3535	0.1750	7.6626

3.3.2　三种 MnO_x/CNTs 脱硝催化剂的结构及性能研究

高温煅烧法是制备脱硝催化剂的常见方法，煅烧不仅可以辅助催化剂前驱体分解，还可使金属氧化物转变成特定的晶型。本节通过不同热处理方法制备了三种 MnO_x/CNTs 脱硝催化剂，采用 TGA、BET、NH_3-SCR、XRD 和 H_2-TPR 等技术对它们的结构和性能进行了表征。另外，还讨论了碳纳米管和锰氧化物在煅烧过程中的相互作用及其对催化活性的影响，为制备高效的 MnO_x/CNTs 脱硝催化剂提供理论依据。

1. 热重分析和比表面积

图 3-4 为酸化碳纳米管和催化剂前驱体在空气中的热重分析曲线。图 3-4(a)显示，酸化碳纳米管在空气中的热稳定性很高，在 600℃之前基本不会被氧化。而图 3-4(b)显示催化剂前驱体在 200～400℃区域内就已经开始慢慢氧化。当温度到达 550℃时，碳纳米管被全部氧化，只剩下约 10%的锰氧化物催化剂。由此可知，碳纳米管在负载催化剂后热稳定性大大降低是由于锰氧化物的催化氧化作用。另外，从图 3-4(b)中还可发现碳纳米管的氧化速率随着温度的提高而增加。因此，不宜在高温或长时间煅烧的条件下制备 MnO_x/CNTs 催化剂，因为这容易导致碳纳米管被大量消耗而造成质量损失。相反，在低温下煅烧(即 MnO_x/CNTs-A1 催化剂)或在高温下短时间煅烧(即 MnO_x/CNTs-A2 催化剂)可以减少碳纳米管的损失，使碳纳米管的氧化达到可以忽略的程度。还有一点值得注意的是，在催化剂前驱体的热重曲线上并没有发现由于硝酸锰分解而产生的质量损失，说明大部分硝酸锰在干燥过程中就已分解完全。Strohmeier 等[124]发现负载型的硝酸锰在干燥过程中很容易分解成 β-MnO_2。

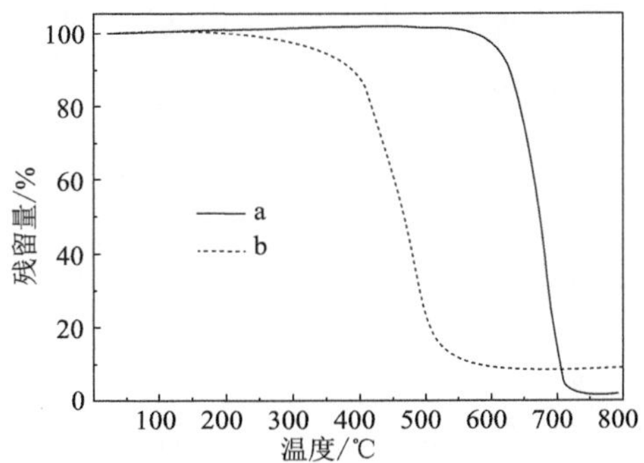

图 3-4 酸化碳纳米管(a)和催化剂前驱体(b)在空气中的热重分析曲线

由 N_2 吸附法测得 MnO_x/CNTs-A1、MnO_x/CNTs-A2 和 MnO_x/CNTs-N1 催化剂的比表面积分别为 118.5m^2/g、123.2m^2/g 和

90.1m²/g。与酸化碳纳米管的比表面积相比，在空气中煅烧制备的 MnO_x/CNTs 催化剂比表面积增大，而在氮气中煅烧得到的 MnO_x/CNTs 催化剂的比表面积减小。由 TGA 曲线可知，碳纳米管在空气中煅烧时会发生催化氧化反应，在表面产生缺陷位点，因而增大碳纳米管的比表面积；而在氮气中煅烧时，由于缺少氧气的参与，碳纳米管无法进行氧化反应，并且它的表面被催化剂颗粒覆盖，因而比表面积下降。

2. 脱硝活性测试

图 3-5 为不同方法制备的 MnO_x/CNTs 催化剂的脱硝活性。从图中可以看出，所有催化剂的 NO 转化率均随温度的升高而增加。其中，MnO_x/CNTs-A1 催化剂在整个温度区间内的脱硝活性最高，即使在 80℃的低温条件下，脱硝率也可达 63%。在 80～180℃范围内，MnO_x/CNTs 催化剂的脱硝活性按如下顺序递减：MnO_x/CNTs-A1＞MnO_x/CNTs-A2＞MnO_x/CNTs-N1。一般认为，比表面积会影响催化剂的脱硝效果。结合上面 BET 数据可知，MnO_x/CNTs-A1 和 MnO_x/CNTs-A2 的比表面积和脱硝率比 MnO_x/CNTs-N1 高，但 MnO_x/CNTs-A1 的比表面积比 MnO_x/CNTs-A2 的小，却有更高的脱硝率。所以，决定催化剂脱硝活性的不仅仅是催化剂的比表面积。

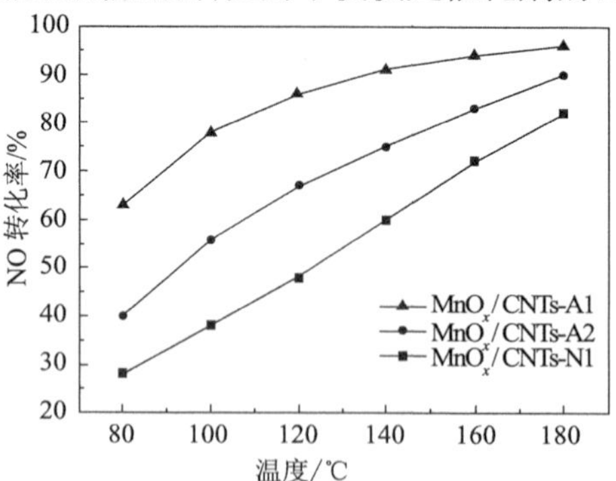

图 3-5　不同方法制备的 MnO_x/CNTs 催化剂的脱硝活性

反应条件: [NO]=[NH_3]=500ppm, [O_2]=5 %, N_2 作为平衡气体, GHSV=38000h^{-1}, 200mg 催化剂

3. X 射线衍射分析

对三种热处理条件下制得的 MnO_x/CNTs 催化剂进行了 XRD 表征，结果如图 3-6 所示。所有样品均出现了碳纳米管的四个特征峰，但催化剂中锰氧化物的衍射峰各不相同。其中，在 250℃空气条件下煅烧制得的 MnO_x/CNTs-A1 催化剂中的锰氧化物主要成分是 MnO_2；在 300℃空气条件下煅烧制得的 MnO_x/CNTs-A2 催化剂中的锰氧化物包含了 MnO_2、Mn_2O_3 和 Mn_3O_4 三种氧化态；而在氮气氛围下煅烧制得的 MnO_x/CNTs-N1 催化剂中的锰氧化物的主要成分是 Mn_3O_4。这表明 MnO_x/CNTs 催化剂中锰氧化物的氧化态与煅烧的温度和气氛有很大的关系。Kapteijn 等[36]曾系统地研究了不同氧化态下的 MnO_x 催化剂在 SCR 反应中的脱硝活性，他们发现 MnO_2 是所有锰氧化物中催化活性最高的，随后是 Mn_5O_8、Mn_2O_3、Mn_3O_4 和 MnO。因此，可以发现随着锰氧化物价态的降低，它的脱硝活性也逐渐降低，这与图 3-5 显示的结果一致。

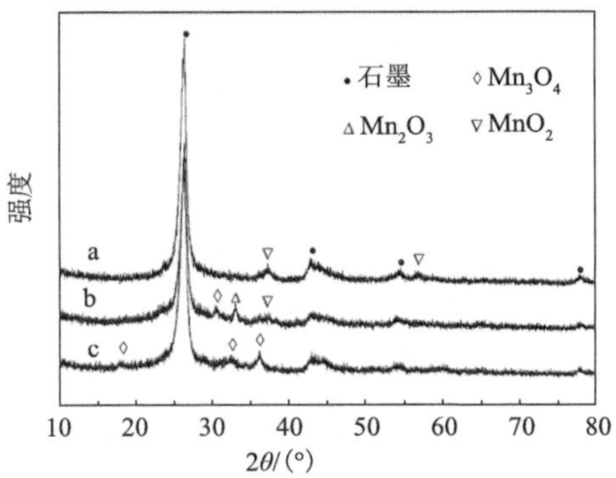

图 3-6　MnO_x/CNTs-A1 (a)、MnO_x/CNTs-A2 (b) 和 MnO_x/CNTs-N1 (c) 的 X 射线衍射谱图

4. 程序升温还原分析

H_2-TPR 是研究催化剂氧化还原性能的重要手段。三种方法

制得的 MnO_x/CNTs 催化剂的程序升温还原曲线图如图 3-7 所示。所有催化剂均显示三个还原峰，分别对应于还原 MnO_2 或 Mn_2O_3 成 Mn_3O_4（150～300℃）、还原 Mn_3O_4 成 MnO（300～400℃）和还原碳纳米管表面的活性氧（400～750℃）。其中，MnO_x/CNTs-A1 催化剂的第一个还原峰最强，峰面积最大，说明其含有的高价态锰氧化物最多，也最易被还原。然后是 MnO_x/CNTs-A2 催化剂，MnO_x/CNTs-N1 催化剂的第一个峰几乎完全消失了。这说明它几乎不含有 MnO_2 或 Mn_2O_3，这与图 3-6（c）的 XRD 结果一致。同时，H_2-TPR 结果也说明了 MnO_x/CNTs-A1 催化剂由于含有更多易被还原的活泼氧，所以更容易进行氧化还原反应，因此具有最高的脱硝活性；而 MnO_x/CNTs-N1 催化剂由于缺乏活泼氧，因此其脱硝活性最低。另外，从图 3-7 中还可以看出，MnO_x/CNTs-A1 和 MnO_x/CNTs-A2 催化剂的第三个峰均比 MnO_x/CNTs-N1 催化剂的第三个峰强，这说明在空气中煅烧的 MnO_x/CNTs 催化剂表面会产生更多的含氧缺陷基团，这与 TGA 和 BET 的分析结果一致。

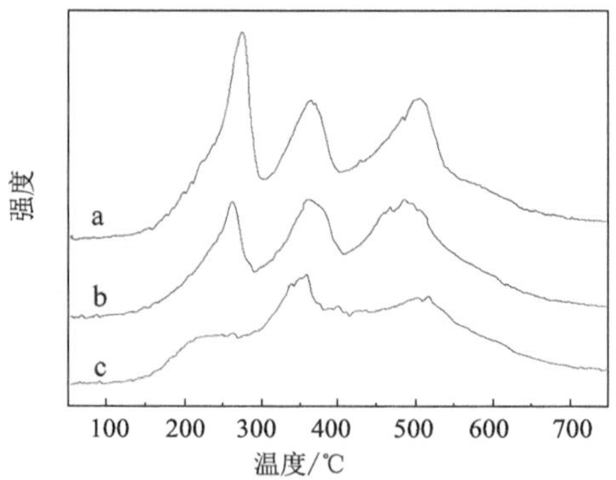

图 3-7　MnO_x/CNTs-A1（a）、MnO_x/CNTs-A2（b）和 MnO_x/CNTs-N1(c)的 H_2-TPR 谱图

5. 碳纳米管和锰氧化物在煅烧过程中的相互作用分析

尽管之前已经有很多关于碳纳米管负载型脱硝催化剂的制备和研究，却很少有人关注碳纳米管和金属氧化物在煅烧中的相互作用。通过前面的分析可知，催化剂前驱体的煅烧条件直接影响最后样品中锰氧化物的氧化态，进而影响它的脱硝活性。它们之间的相互作用可通过如下分析进行解释：包信和等发现碳纳米管在无氧条件下能还原 Fe_2O_3 成金属 Fe，并产生 CO 或 CO_2 气体。碳材料也一直被认为是一种还原剂，可用来还原其他氧化物，而且对锰氧化物来说，由于它存在多种氧化价态，因此很容易进行氧化还原反应。结合 TGA 和 XRD 结果，我们推测碳纳米管和锰氧化物在煅烧过程中的相互作用如图 3-8 所示，锰氧化物中的原子氧在催化剂前驱体煅烧过程中与碳纳米管表面的 C 发生反应并生成 CO 或 CO_2，进而加速了碳纳米管的氧化过程，使其在更低的温度下就可被氧化。与此同时，锰氧化物的氧化价态也相应地从 MnO_2 降低到 Mn_2O_3，最后到 Mn_3O_4。值得注意的是，Mn_3O_4 可继续被还原成 MnO，只是 MnO 在空气中很不稳定，容易与氧气反应生成 Mn_3O_4，如此循环，最终碳纳米管可被全部消耗。

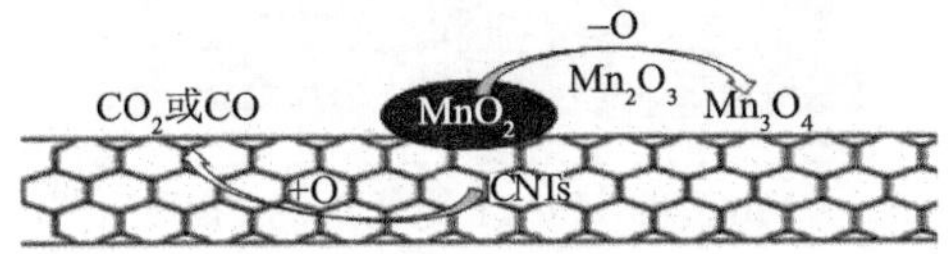

图 3-8　碳纳米管与锰氧化物在煅烧过程中的相互作用示意图

因此当催化剂前驱体在 250℃煅烧时（即 MnO_x/CNTs-A1 催化剂），从图 3-4(b) 中可以看出，此时碳纳米管的氧化反应相对很慢，因此碳纳米管和锰氧化物的相互作用很弱，所以锰氧化物仍可保持高的价态，主要是 MnO_2。但当催化剂前驱体煅烧温度达到 300℃时，碳纳米管的氧化速度加快，即碳纳米管和锰氧化物的相互作用增强，因此锰氧化物更容易被碳纳米管还原成更低的氧化态。

所以当煅烧时间较短时(即 MnO_x/CNTs-A2 催化剂)，催化剂中会同时存在 MnO_2、Mn_2O_3 和 Mn_3O_4 三种价态。更长时间的煅烧使得锰氧化物完全还原成 Mn_3O_4(即 MnO_x/CNTs-N1 催化剂)。

6. MnO_x/CNTs-A1 催化剂的微观形貌分析

由于在 250℃空气条件下煅烧制得的 MnO_x/CNTs-A1 催化剂的脱硝活性最高，在 80℃时，脱硝率就已超过 60%，因此对其微观形貌进行分析，结果如图 3-9 所示。从图中可以看出，大部分碳纳米管形状保持良好，但仍有不少地方出现了较短的纳米管，这主要是由于在煅烧过程中受到了锰氧化物催化剂的氧化切割作用。显然，这些短的纳米管对脱硝催化剂的成型是不利的，因此还需寻找更合适的方法制备高氧化态的 MnO_x/CNTs 催化剂。

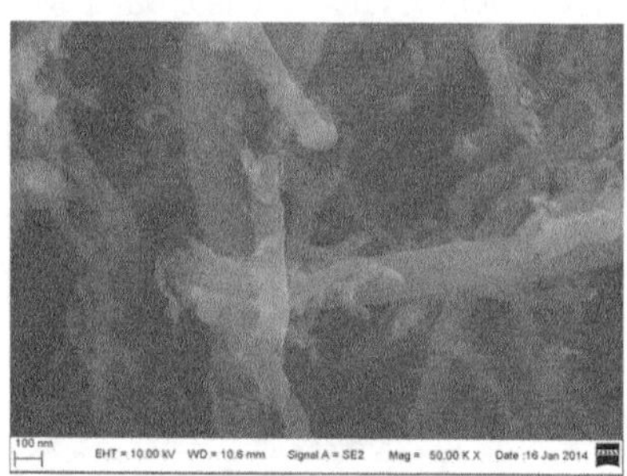

图 3-9 MnO_x/CNTs-A1 催化剂的 FESEM 图像

3.3.3 MnO_2/CNTs 脱硝催化剂的结构及性能研究

由上节的研究可知，对于制备碳纳米管负载型催化剂而言，煅烧过程容易引起碳纳米管和金属氧化物间的氧化还原反应，使金属氧化物失去活泼氧，从而降低其脱硝活性。这也是先前许多碳纳米管负载型脱硝催化剂具有较差的低温脱硝活性的主要原因[34, 113, 125-128]。因此，本节通过低温液相法制备了 MnO_2/CNTs 脱硝催化剂，并对其结构和性能进行了研究。

1. X 射线光电子能谱分析

为证实 MnO_2 催化剂成功负载到碳纳米管表面上，对 6% MnO_2/CNTs 样品进行 X 射线光电子能谱(XPS)分析，结果如图 3-10 所示。由全谱可以看出，样品表面包含 Mn、C、O 等元素，表面锰氧化物催化剂已成功负载在碳纳米管表面上。图 3-10(b)显示 Mn 2p 的能谱峰分裂成两个峰，分别为 Mn $2p_{1/2}$(654.1eV)和 Mn $2p_{3/2}$(642.4eV)，它们间的能隙差为 11.7eV，这与文献报道的 MnO_2 的数据一致[129, 130]。由此可以证明采用低温液相法制得的锰氧化物催化剂确为高价态的 MnO_2。O 1s 的 XPS 谱图经分峰软件拟合得到三个峰，分别为二氧化锰中的 Mn—O—Mn 组分、锰氧化物表面的羟基组分(Mn—O—H)和金属氧化物表面的结合水(H—O—H)。根据峰面积可以计算各组分的相对含量，其中 Mn—O—Mn、Mn—O—H 和 H—O—H 分别占 48.22%、22.30%和 29.48%。这说明 6% MnO_2/CNTs 催化剂中除含有大量 Mn—O—Mn 成分外，还存在部分羟基基团和残余水分。

2. 比表面积分析

不同负载量的 MnO_2/CNTs 催化剂的比表面积见表 3-2。与酸化碳纳米管相比，除 6% MnO_2/CNTs 催化剂外，其他 MnO_2/CNTs 催化剂的比表面积均随 Mn/C 摩尔比的增大而增加，这可能是由于形成的 MnO_2 催化剂颗粒很小，且分散均匀。

表 3-2　MnO_2/CNTs 催化剂的 BET 比表面积

样品	S_{BET} /(m^2/g)
1% MnO_2/CNTs	109.3
2% MnO_2/CNTs	116.4
4% MnO_2/CNTs	129.4
6% MnO_2/CNTs	127.6
8% MnO_2/CNTs	130.1

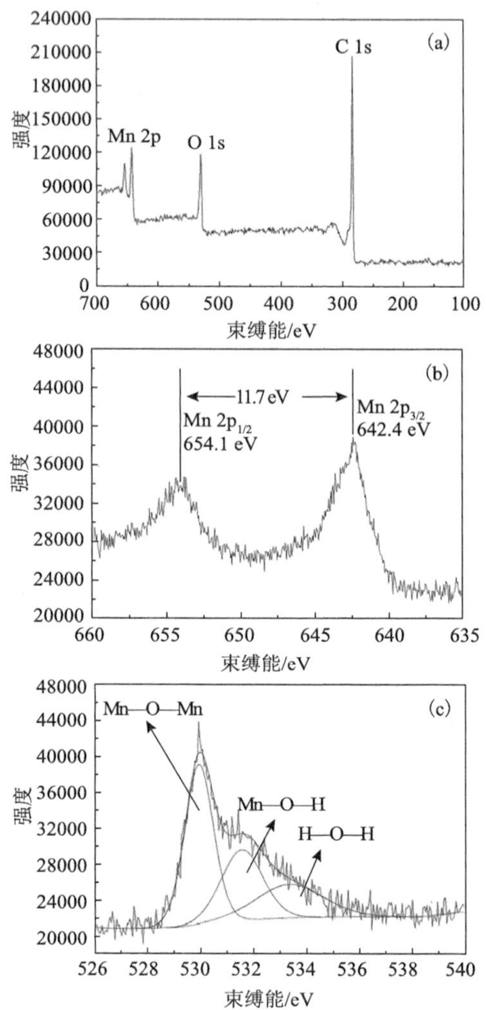

图 3-10　6% MnO_2/CNTs 催化剂的 X 射线光电子能谱图

(a) 全谱；(b) Mn 2p；(c) O 1s

3. X 射线衍射分析

酸化碳纳米管和不同负载量的 MnO_2/CNTs 催化剂的 XRD 谱图如图 3-11 所示。所有样品均在 26.1°、42.8°、54.2°和 77.6°附近有明显的碳纳米管的衍射峰，而且这些衍射峰均随着催化剂负载量的增加而减弱，说明锰氧化物催化剂与碳纳米管间的相互作用逐渐增强。当 Mn/C 摩尔比达到 2%时，催化剂的 XRD 谱图中开始出现 MnO_2 的衍射峰(37.5°)，但该衍射峰仍很弱，峰形较宽，表明 MnO_2 催化剂在载体上分散性较好，呈无定形结构。众所周知，无定形的结构更有利于质子快速嵌入和脱嵌，因此更有利于催化还原反应。

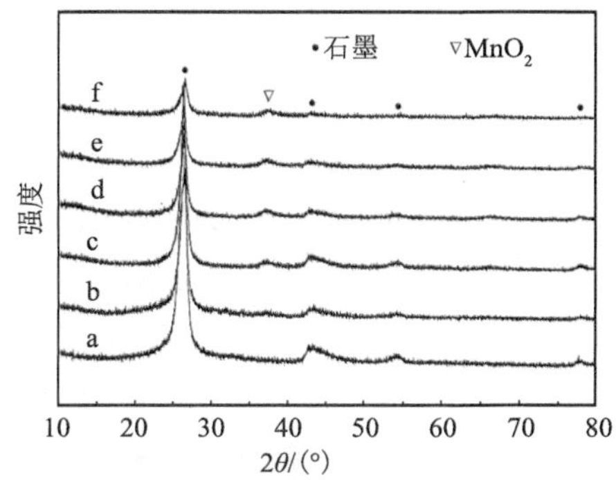

图 3-11　酸化碳纳米管 (a)、1% MnO_2/CNTs(b)、2% MnO_2/CNTs(c)、4% MnO_2/CNTs(d)、6% MnO_2/CNTs(e)和 8% MnO_2/CNTs(f)的 X 射线衍射谱图

4. 透射电镜分析

图 3-12(a)显示了酸化碳纳米管表面的透射电镜图片，从图中可以看出，酸化碳纳米管样品轮廓清晰，表面无杂质。而 6% MnO_2/CNTs 催化剂[图 3-12(b)]中碳纳米管的轮廓比较模糊，虽然碳纳米管上没有出现颗粒状的锰氧化物，但与酸化碳纳米管的 TEM 图片相比，它的表面颜色变暗，好像包覆了一层纳米级的物质。为研究 6% MnO_2/CNTs 催化剂表面元素成分，在图 3-12(b)中选择一块区域进行能谱分析，结果如图 3-12(c)所示。由 EDX 分析可以看出，6% MnO_2/CNTs 样品表面含有 Mn 和 O 元素(Cu 元素来自于铜网)，这证明锰氧化物催化剂在碳纳米管表面分散性很好，锰氧化物呈无定形的结构，类似于纳米片的物质附着在碳纳米管表面。

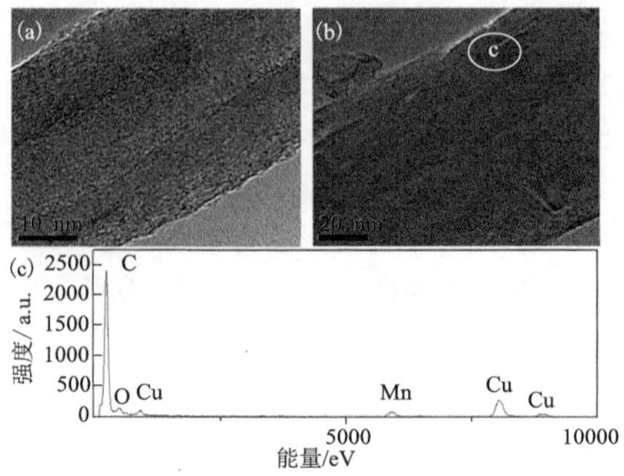

图 3-12　酸化碳纳米管(a)和 6% MnO_2/CNTs 催化剂(b)的透射电镜图像；(c) 为(b)中白色区域的 EDX 谱图

5. 脱硝活性测试

图 3-13 显示了酸化碳纳米管和不同负载量的 MnO_2/CNTs 催化剂在 80～180℃范围内的脱硝活性。从图中可以看出，酸化碳纳米管在整个温度区间内的脱硝率都很低，不超过 10%，表明在低温条件下，碳纳米管对 NO 的催化还原活性很弱，几乎可以忽略。而当其负载 MnO_2 催化剂后，脱硝率急剧增加。而且催化剂的脱硝率随着负载量的增加而增加，当 Mn/C 摩尔比达到 6%时，脱硝率在整个温度范围内达到最高。即使在 80℃的低温下，6% MnO_2/CNTs 催化剂的脱硝率超过 80%。然而进一步增加 MnO_2 催化剂的负载量，脱硝率出现下降，这主要是由于过高的负载量导致催化剂活性点出现严重聚集，从而使催化效率降低。所以，对于低温液相法制得的 MnO_2/CNTs，以 Mn/C 摩尔比为 6%最合适。

表 3-3 列出了本法制备的 MnO_2/CNTs 催化剂与其他文献报道的碳纳米管负载型催化剂在 160℃时 NO 的最高转化率。从表中可以看出，采用低温液相法制得的 MnO_2/CNTs 催化剂的低温脱硝活性远高于其他报道中碳纳米管负载型脱硝催化剂。这一方

面是由于低温液相法制得的 MnO_2/CNTs 催化剂表现出高的锰氧化物氧化态，另一方面是由于 MnO_2 催化剂在碳纳米管上呈无定形结构。

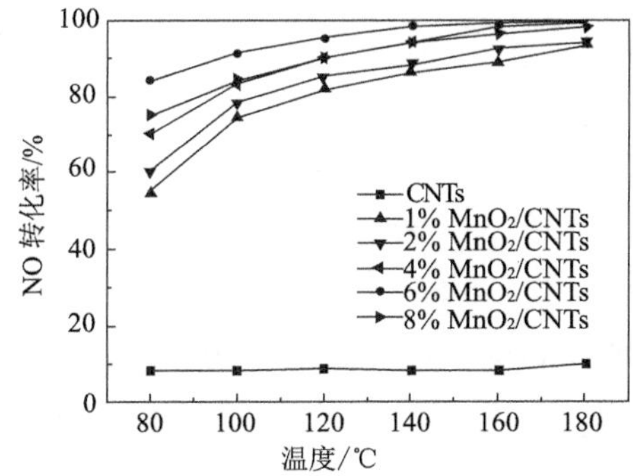

图 3-13　酸化碳纳米管及 MnO_2/CNTs 催化剂的脱硝活性

表 3-3　以碳纳米管为载体的脱硝催化剂在 160℃时催化还原 NO 的活性比较

催化剂	制备温度	气体成分			C_{NO} /%	空速 /h^{-1}	参考文献
		NO /ppm	NH_3 /ppm	O_2 /%			
MnO_x/MWNTs	400℃	900	900	5	78	30000	[131]
CeO_2/CNTs	500℃	500	500	3	30	20000	[132]
MnO_x/MWNTs	400℃	1000	1000	5	30	40000	[66]
CeO_2/CNTs	350℃	600	600	3.5	38	100000	[126]
V_2O_5/CNTs	350℃	800	800	5	75	35000	[113]
MnO_2/CNTs	室温	500	500	5	99	38000	本书

6. 催化稳定性能测试

在 160℃下，对 6% MnO_2/CNTs 催化剂的催化稳定性能进行了测试，其在 10h 内脱硝率随时间的变化曲线如图 3-14 所示。在整个测试时间内，催化剂的脱硝率一直保持在 99%，表明该 MnO_2/CNTs 催化剂具有良好的催化稳定性。

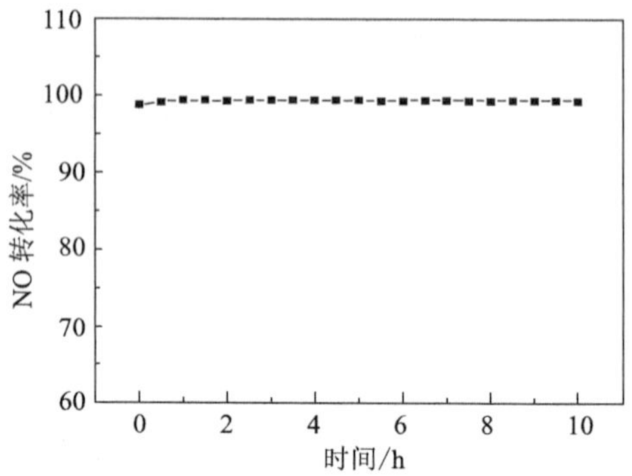

图 3-14　6% MnO_2/CNTs 催化剂在 160℃时的脱硝率随时间的变化

7. 热重分析

图 3-15 为 6% MnO_2/CNTs 催化剂在空气气氛下的热重分析曲线。从图中可以看出，6%MnO_2/CNTs 催化剂在 100℃前有约 5%的质量损失，这主要是 MnO_2 催化剂中结合水的损失，这与 XPS 分析结果一致。随后，催化剂在 100～200℃区间内几乎没有任何质量损失。由于催化剂是在 200℃以下的低温范围内运行， MnO_2/CNTs 催化剂在运行过程中不会与碳纳米管发生氧化还原反应。因此，催化剂可以在 200℃以下长期保持高效的脱硝性能。

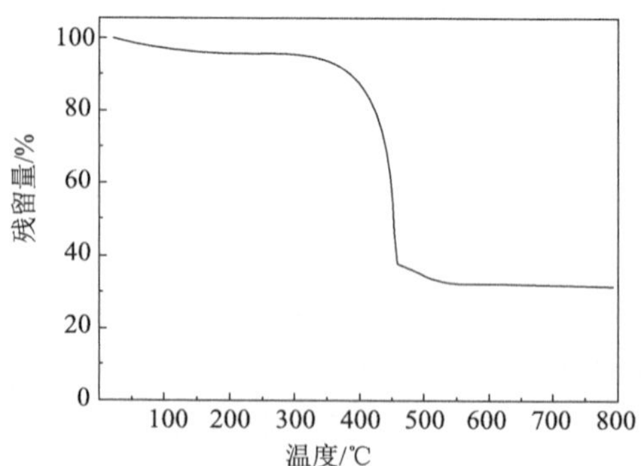

图 3-15　6 % MnO_2/CNTs 催化剂在空气气氛下的热重分析曲线

8. 场发射扫描电镜分析

6% MnO_2/CNTs 催化剂的微观形貌如图 3-16 所示。从图中可以看出，碳纳米管形貌保持完整，表面光滑，没有发现断裂或短管现象。这表明采用低温液相法制备的 MnO_2/CNTs 催化剂中碳纳米管的结构不会遭到破坏或损伤，保存了原始碳纳米管的长径比和结构的完整性，有利于随后在聚苯硫醚滤料纤维上的负载。

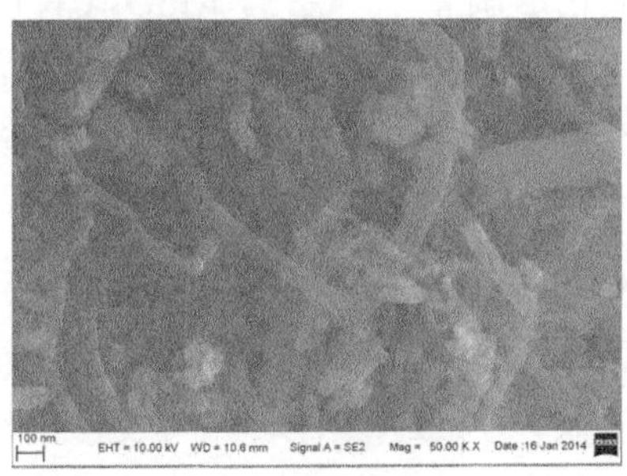

图 3-16　6% MnO_2/CNTs 催化剂的场发射扫描电镜图像

3.4　本 章 小 结

(1)采用浓硝酸对原始碳纳米管进行酸化处理，FTIR、FESEM、EDS 及 BET 等结果发现经酸化后的碳纳米管不仅在表面接上了更多的含氧功能基团，还除去了它内部所含的杂质，打开碳纳米管的端口，并增大了它的比表面积和孔容。

(2)采用高温煅烧法制备了三种 MnO_x/CNTs 脱硝催化剂，活性测试结果显示 MnO_x/CNTs 催化剂在 80～180℃的温度范围内的脱硝活性按如下顺序递减：MnO_x/CNTs-A1 ＞ MnO_x/CNTs-A2 ＞ MnO_x/CNTs-N1。研究发现，MnO_x/CNTs 催化剂的脱硝活性与锰氧化物的氧化态密切相关，并随着锰氧化物氧化态的降低而下降。

不同热处理条件下制得的 MnO_x/CNTs 催化剂所包含的氧化态各

不相同，这主要与碳纳米管和锰氧化物在煅烧过程中发生的氧化还原反应有关，煅烧温度越高，时间越长，锰氧化物越易被碳纳米管还原成低的氧化态。因此，在 MnO_x/CNTs-A1 催化剂中锰氧化物主要以 MnO_2 的形式存在。MnO_x/CNTs-A2 催化剂中锰氧化物包含了 MnO_2、Mn_2O_3 和 Mn_3O_4 三种氧化态。而在 MnO_x/CNTs-N1 催化剂中锰氧化物的主要成分是 Mn_3O_4。

(3)采用低温液相法制备了一系列 MnO_2/CNTs 脱硝催化剂，发现当 Mn/C 摩尔比为 6%时，催化剂的脱硝活性最高，在 80℃时脱硝率超过 80%。高的锰氧化物氧化态及其无定形的结构是低温液相法制得的 MnO_2/CNTs 催化剂具有高脱硝活性的主要原因。

(4)6% MnO_2/CNTs 催化剂在 160℃下测试 10h 后，仍可保持 99%的脱硝率，表明该催化剂具有良好的催化稳定性能。另外，FESEM 图像显示该催化剂保存了原始碳纳米管的长径比和结构的完整性，有利于随后在聚苯硫醚滤料纤维上的负载。

第4章　聚苯硫醚滤料负载 MnO_2/CNTs催化剂的制备及性能

4.1　引　　言

近年来，我国对粉尘和微细颗粒物的排放污染问题越来越重视，滤袋除尘器可有效控制燃煤电站锅炉产生的大量粉尘和微细颗粒物，因此得到广泛应用。对滤袋除尘器而言，滤料是其核心，决定着除尘器的性能。但由于一般的燃煤电厂，尾气成分较复杂，而且温度较高，因此要求所用的纤维滤料具有优异的物化性能。聚苯硫醚滤料具有稳定的化学结构，其耐酸碱腐蚀性、耐水解性、阻燃性及尺寸稳定性均相当突出[131]，吸湿率仅0.6%，并且性价比较高，因而成为燃煤电厂滤袋上的首选材料。

氮氧化物是燃煤电厂排放的另一主要污染物，它不仅危害人体的健康，还破坏生态环境，因此有必要对其进行处理。由第3章可知，SCR装置是控制氮氧化物排放的有效设备，但工业上的SCR装置一般安装在脱硫装置和除尘装置之前，这样的布置对控制氮氧化物的排放非常不利。高效低温脱硝催化剂的成功开发，使滤料实现同时除尘和脱硝成为可能，而且滤料独特的三维杂乱结构给气体和催化剂的充分接触带来便利。将脱硝催化剂直接负载在滤袋除尘器的滤料上制得脱硝功能复合滤料，不仅提升了滤料的性能，使其具有催化作用，还可以节省电厂尾气处理的空间和成本。此外，脱硝催化剂和滤袋滤料的寿命基本相同，可以减少电厂固废产生量[103]。

目前，国内外对于脱硝功能复合滤料这一领域的研究几乎还是空白，一般是将粉末状的脱硝催化剂直接附着在滤料纤维上，但这种方法制备的脱硝功能复合滤料中催化剂与纤维间的结合力很弱。由于复合滤料在使用过程中不断受到气流的作用，因此要求制备的脱硝功能复合滤料具有很强的牢固性。但另一方面，聚苯硫醚滤料表面非常光滑且极具惰性，因此要将无机粉末状的催化剂牢固地附着在滤料纤维表面是非常困难的。

在第 3 章的基础上，本章利用碳纳米管独特的形状结构，通过三种不同的方法将 MnO_2/CNTs 催化剂负载在聚苯硫醚滤料上，通过扫描电镜(SEM)观察了催化剂在纤维表面的附着情况；通过强气流作用分析了催化剂与滤料间的结合强度及复合滤料的透气性能；采用自制的脱硝装置测试和评价了复合滤料的脱硝活性；最后还对提高脱硝功能复合滤料的途径进行了分析研究。

4.2 聚苯硫醚滤料负载 MnO_2/CNTs 催化剂制备

4.2.1 催化剂的制备

本章所用的催化剂为低温液相法制得的 MnO_2/CNTs 催化剂，其具体的制备过程同 3.2.3 节，其中 Mn/C 摩尔比为 6%。

4.2.2 表面活性剂分散法制备脱硝功能复合滤料

分别称取一定量的 MnO_2/CNTs 催化剂和表面活性剂(十六烷基三甲基氯化铵)加入到去离子水中，超声分散 15min，形成稳定的分散液。其中 MnO_2/CNTs 催化剂占整体质量的 0.15%，表面活性剂占整体质量的 1%。然后将 PPS 滤料浸入上述分散液中，待滤料完全浸没后立即取出并放入 110℃烘箱中干燥，重复上述浸渍-干燥操作即可增加 MnO_2/CNTs 催化剂在 PPS 滤料上的负载量。最后，将该滤料浸入无水乙醇中浸泡整夜，再用去离子水和乙醇冲洗数次以除净滤料内部所含的表面活性剂并在 110℃烘箱中干燥至恒重。催化剂在

PPS 滤料上的负载量以每平方米滤料上负载的 MnO_2/CNTs 质量计算，重复浸渍-干燥过程 10 次得到负载量为 $20g/m^2$ 的脱硝功能复合滤料，记为 MnO_2/CNTs@PPS-A。

4.2.3　涂覆法制备脱硝功能复合滤料

称取一定量的 MnO_2/CNTs 催化剂，加入适量的乙醇，并混合均匀形成催化剂混合液。然后将该混合液分批涂覆在 PPS 滤料上，并加以适当的压力使催化剂混合液浸入滤料内部，最后在 110℃的烘箱中干燥至恒重。通过称取不同质量的 MnO_2/CNTs 催化剂进行负载，得到负载量为 $20g/m^2$、$50g/m^2$ 和 $80g/m^2$ 的三种脱硝功能复合滤料，分别记为 MnO_2/CNTs@PPS-B1、MnO_2/CNTs@PPS-B2 和 MnO_2/CNTs@PPS-B3。另外，为增强 MnO_2/CNTs 催化剂在 PPS 滤料上的结合力，在 MnO_2/CNTs@PPS-B3 复合滤料两面均涂覆一层聚偏氟乙烯溶液(*N,N*-二甲基甲酰胺为溶剂)作为黏结剂，最后在 110℃烘箱中干燥至恒重，该复合滤料记为 MnO_2/CNTs@PPS-B4。

4.2.4　抽滤法制备脱硝功能复合滤料

抽滤法制备脱硝功能复合滤料的具体操作如下：以滤料为滤网，将低温液相法制得的 MnO_2/CNTs 原始溶液(即加入高锰酸钾溶液反应后，未经洗涤、干燥过程的溶液)用去离子水稀释至一定浓度后，缓慢倒入抽滤器中进行抽滤，使催化剂穿插于滤料内部，最后用去离子水洗净杂质即可制得脱硝功能复合滤料。由于普通 PPS 滤料纤维间的空隙很大(约为 37μm)，不能有效拦截碳纳米管，因此选用覆膜滤料为滤网，并以覆膜面为底面进行抽滤(覆膜滤料的制备方法见 2.2 节)。通过控制 MnO_2/CNTs 原始溶液的量，使复合滤料的负载量达到 $80g/m^2$，并记为 MnO_2/CNTs@PPS-C。

4.3 聚苯硫醚滤料负载 MnO_2/CNTs 催化剂性能

4.3.1 表面活性剂分散法制备脱硝功能复合滤料的性能与表征

1. 环境扫描电镜分析

图 4-1 为原始 PPS 滤料和表面活性剂分散法制备的 MnO_2/CNTs@PPS-A 复合滤料的 ESEM 图像。从图 4-1 (a, b) 中可以看出，原始 PPS 滤料内部纤维呈三维无规则的杂乱排列，纤维间相互交缠在一起形成空间网状结构，并且纤维表面非常光滑，没有杂质。当 PPS 滤料负载 MnO_2/CNTs 催化剂后，其 ESEM 图像如图 4-1 (c, d) 所示。复合滤料不仅保存了原始 PPS 滤料的微观结构，而且在高倍 ESEM 图像下可以看到碳纳米管催化剂均匀地包覆在 PPS 纤维表面，这表明采用表面活性剂法制备的脱硝功能复合滤料 MnO_2/CNTs 催化剂的分散性很好。

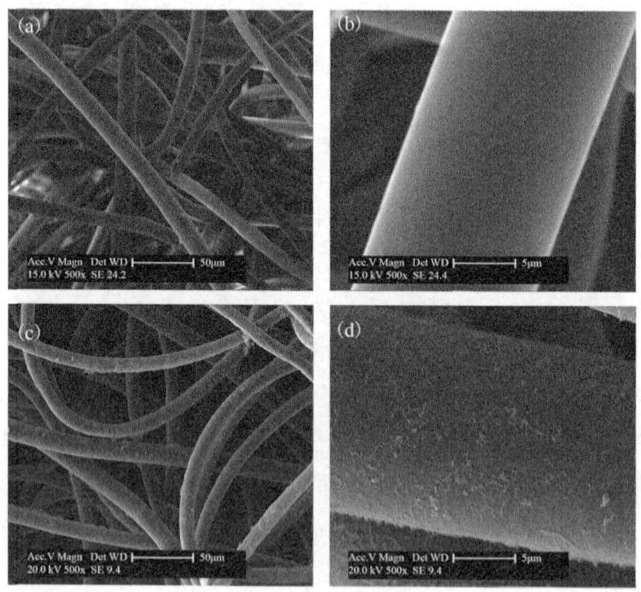

图 4-1 PPS 滤料 (a, b) 和 MnO_2/CNTs@PPS-A 复合滤料 (c, d) 的 ESEM 图像

2. 结合强度测试

将 MnO_2/CNTs@PPS-A 滤料置于 2000mL/min 氮气气流下，测试 MnO_2/CNTs 催化剂的负载量随时间的变化，其结果如图 4-2 所示。催化剂的负载量在 5h 的测试时间内没有任何损失，表明催化剂与滤料的结合力非常强。这种强的结合力可能来源于碳纳米管上的大 π 键与 PPS 滤料的苯环产生了 π-π 共轭效应[117]。

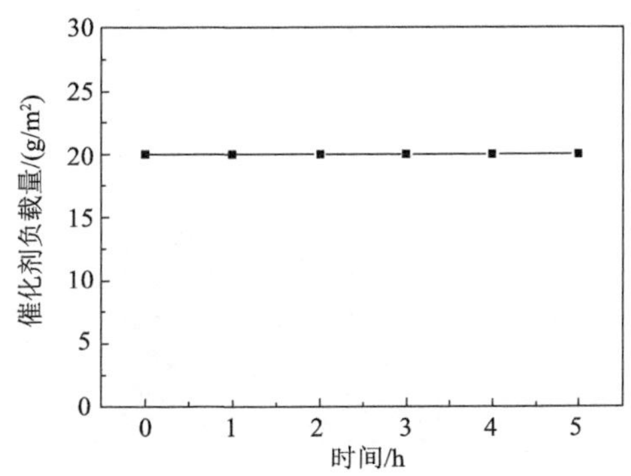

图 4-2　MnO_2/CNTs@PPS-A 复合滤料的催化剂负载量随时间的变化

3. 透气性能测试

图 4-3 为原始 PPS 滤料和 MnO_2/CNTs@PPS-A 复合滤料的压降柱状图。从图中可以看出，MnO_2/CNTs@PPS-A 复合滤料的压降与原始 PPS 滤料的压降相同，均为 38Pa。这暗示 MnO_2/CNTs 催化剂在 MnO_2/CNTs@PPS-A 复合滤料内部分散均匀，没有堵塞或聚集的情况发生，因此复合滤料的压降没有增加。这与 ESEM 图像观察到的结果一致。

4. 脱硝活性测试

图 4-4 显示了原始 PPS 滤料和 MnO_2/CNTs@PPS-A 复合滤料的在 80～180℃下的脱硝活性。从图中可以看出，原始 PPS 滤料

在整个温度区间内的 NO 转化率都非常低，为 8%左右。当负载 MnO_2/CNTs 催化剂后，其脱硝率明显增加。且 MnO_2/CNTs@PPS-A 复合滤料的脱硝率随着温度的升高逐渐增加，当温度为 180℃时，脱硝率为 27%。需要注意的是，催化剂的脱硝率与其用量呈正比关系，MnO_2/CNTs@PPS-A 复合滤料上催化剂的负载量仅 20g/m^2，因此若要进一步提高复合滤料的脱硝率，需要提高浸渍-干燥的操作次数。

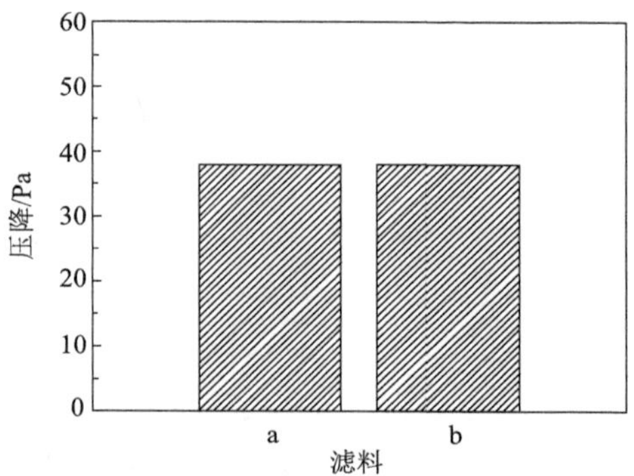

图 4-3　PPS 滤料(a)和 MnO_2/CNTs@PPS-A 复合滤料(b)的压降柱状图

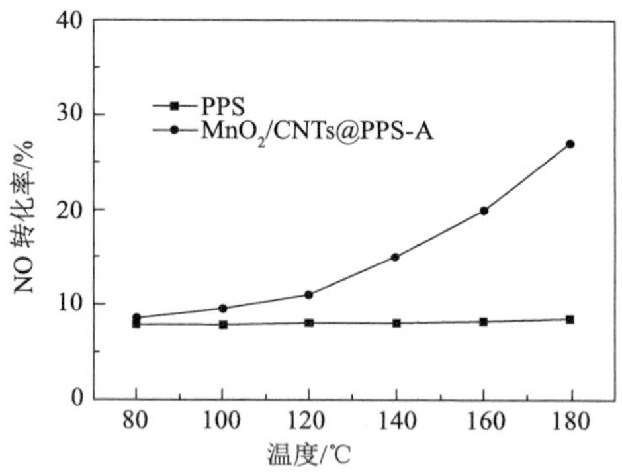

图 4-4　PPS 滤料和 MnO_2/CNTs@PPS-A 复合滤料的脱硝活性

众所周知，PPS 滤料表面是惰性的化学结构，其吸水率非常低。如图 4-5 所示，催化剂的负载量随着浸渍次数的增加而缓慢升高，因此用表面活性剂分散法制备脱硝功能复合滤料受到催化剂负载量的限制。

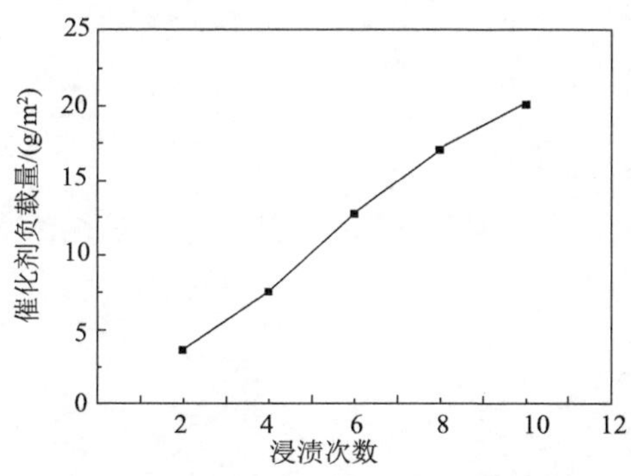

图 4-5　催化剂负载量与浸渍次数的关系

4.3.2　涂覆法制备脱硝功能复合滤料的性能与表征

1. 环境扫描电镜分析

图 4-6 为 MnO_2/CNTs@PPS-B1、MnO_2/CNTs@PPS-B2、MnO_2/CNTs@PPS-B3 和 MnO_2/CNTs@PPS-B4 复合滤料的环境扫描电镜图。从图 4-6(a, b)可以看出，当催化剂涂覆量较少时，碳纳米管在 PPS 滤料内部分散比较均匀，只有少量及小块的聚集，并且碳纳米管催化剂与 PPS 滤料表面抱合比较紧密。图 4-6(c, d)显示，随着涂覆量的增加，碳纳米管在 PPS 滤料内部分散性变差，并开始出现大块团聚，引起内部空隙堵塞，且团聚碳纳米管与 PPS 滤料表面间的抱合力较弱。当涂覆量进一步增大，达到 80g/m^2 时，如图 4-6(e, f)所示，碳纳米管团聚更为严重，且 PPS 滤料纤维表面存在大块的碳纳米管团聚体。这些团聚体与滤料结合力很弱，容易在使用中脱落下来，为此在 MnO_2/CNTs@PPS-B3 复合滤料表面涂覆一层聚偏氟乙烯溶液作为黏结剂，使碳纳米管催化剂紧密附着。

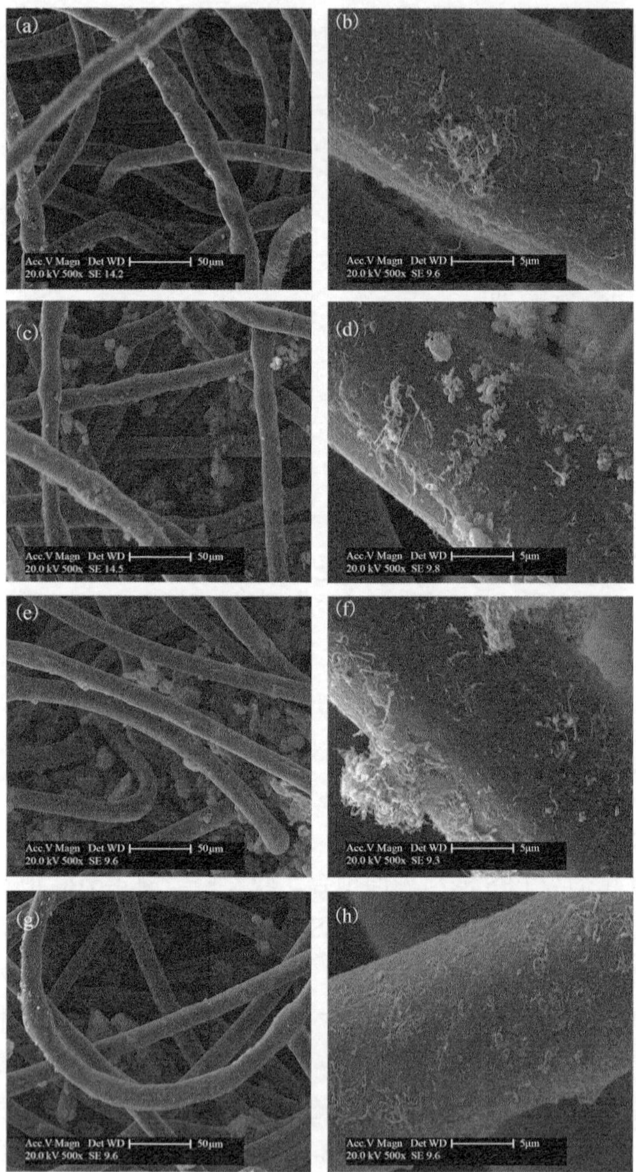

图 4-6　MnO_2/CNTs@PPS-B1（a，b）、MnO_2/CNTs@PPS-B2（c，d）、MnO_2/CNTs@PPS-B3（e，f）和 MnO_2/CNTs@PPS-B4（g，h）复合滤料的环境扫描电镜图像

在 PPS 滤料上，其微观形貌如图 4-6(g, h)所示。碳纳米管催化剂被聚偏氟乙烯溶液黏结在一起，形成大的块状体，并与滤料黏合在一起。

2. 结合强度测试

将 MnO_2/CNTs@PPS-B1、MnO_2/CNTs@PPS-B2、MnO_2/CNTs@PPS-B3 和 MnO_2/CNTs@PPS-B4 四种复合滤料分别放入 2000mL/min 氮气气流中，测试其催化剂负载量随时间的变化关系。结果如图 4-7 所示，对于 MnO_2/CNTs@PPS-B1 滤料，其催化剂负载量随时间的变化不大，说明碳纳米管催化剂与滤料间的结合较强；对于 MnO_2/CNTs@PPS-B2 滤料，其催化剂负载量在最初 2h 内有轻微的下降，说明有少数碳纳米管催化剂在强气流的作用下发生脱落；而对于 MnO_2/CNTs@PPS-B3 滤料，其催化剂负载量随时间的变化较明显，特别是在最初 2h 内，催化剂发生了比较明显的脱落，由图 4-6 可知，MnO_2/CNTs@PPS-B3 滤料内部的碳纳米管催化剂聚集较为严重，存在大量的块状聚集体，它们与滤料纤维表面的结合较弱，因此容易在强气流的吹扫作用下脱落下来，并使复合滤料的结合强度下降。尽管 MnO_2/CNTs@PPS-B3 滤料出现了明显的催化剂脱落现象，但经过 5h 强气流冲洗后，其催化剂负载量仍保持了 $74g/m^2$ 的高负载。相比于一般的颗粒状金属催化剂，碳纳米管负载型催化剂由于其特殊的形状结构，能与纤维滤料形成很好的缠结作用。对于 MnO_2/CNTs@PPS-B4 滤料，其催化剂负载量随着时间的增加没有发生任何变化，这是由于其表面涂覆一层聚偏氟乙烯黏结剂，使碳纳米管催化剂紧密附着在 PPS 滤料上，所以催化剂不容易脱落。

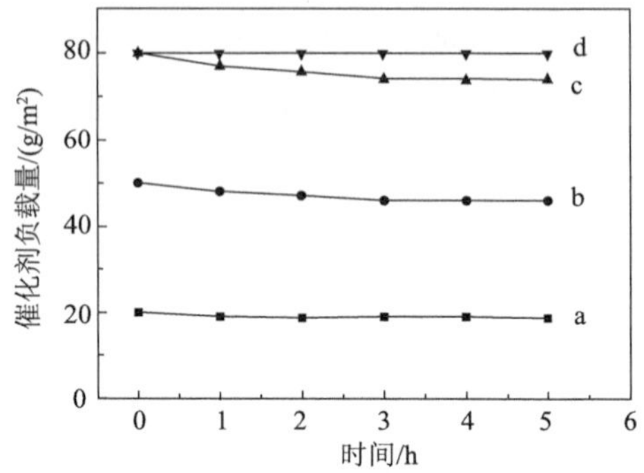

图 4-7　不同复合滤料上催化剂负载量随时间的变化

a. MnO_2/CNTs@PPS-B1; b. MnO_2/CNTs@PPS-B2; c. MnO_2/CNTs@PPS-B3; d. MnO_2/CNTs@PPS-B4

3. 透气性能测试

图 4-8 为涂覆法制备的不同复合滤料的压降柱状图。相对于原始 PPS 滤料，MnO_2/CNTs@PPS-B1 复合滤料的压降略有上升，为 45Pa。这说明 MnO_2/CNTs 催化剂在 MnO_2/CNTs@PPS-B1 复合滤料内部分散性较好，发生堵塞或聚集的情况较少，因此压降与原始 PPS 滤料相差不大。但随着催化剂负载量的增加，复合滤料的压降也急剧增加。MnO_2/CNTs@PPS-B2 复合滤料的压降为 112Pa，MnO_2/CNTs@PPS-B3 复合滤料的压降达到了 228Pa。从 ESEM 图中可以看出，随着催化剂负载量的增加，碳纳米管在滤料内部聚集越来越严重，堵塞了滤料的空隙，阻挡了气流的流动，因而增大了滤料的压降。另外，对比 MnO_2/CNTs@PPS-B3 和 MnO_2/CNTs@PPS-B4 复合滤料可以发现，涂覆聚偏氟乙烯溶液后复合滤料的压降出现了下降，这主要是因为添加聚偏氟乙烯黏结剂后，催化剂和滤料间的结合更为紧密，从而增大了滤料内部的孔隙率。

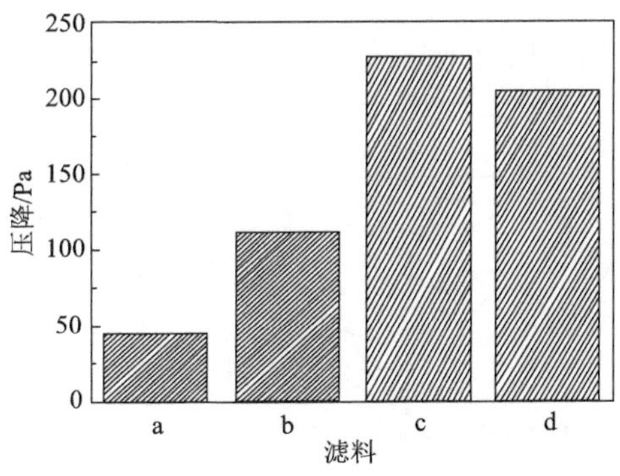

图 4-8　不同复合滤料的压降柱状图

a. MnO_2/CNTs@PPS-B1; b. MnO_2/CNTs@PPS-B2; c. MnO_2/CNTs@PPS-B3; d. MnO_2/CNTs@PPS-B4

4. 脱硝活性测试

图 4-9 为涂覆法制备的四种不同复合滤料的脱硝活性图。由图 4-9 可知，所有复合滤料的脱硝率均随温度的升高而增加，对于 MnO_2/CNTs@PPS-B1 复合滤料，其在 180℃时的脱硝率达到 34%。MnO_2/CNTs@PPS-A 与 MnO_2/CNTs@PPS-B1 复合滤料具有相同的负载量，即均为 20g/m^2，但是用表面活性剂分散法制备的 MnO_2/CNTs@PPS-A 复合滤料在 180℃时的脱硝率仅有 27%。这可能与复合滤料的压降有关，因为复合滤料的压降越大，气体流过的时间就越长，因此反应气体与催化剂活性点接触的机会就越多，脱硝率就越高。由于 MnO_2/CNTs@PPS-B1 复合滤料的压降为 45Pa，高于 MnO_2/CNTs@PPS-A 复合滤料的压降(38Pa)，因此具有更高的脱硝率。随着 MnO_2/CNTs 催化剂负载量的增加，复合滤料内部能够提供更多的催化活性位点，而且压降也随之增大，因而 MnO_2/CNTs@PPS-B2 和 MnO_2/CNTs@PPS-B3 复合滤料在 180℃时的脱硝率分别达到 51% 和 65%。但是，对于 MnO_2/CNTs@PPS-B4 复合滤料，其在整个温度范围内的脱硝率均不到 18%。这主要是由于 MnO_2/CNTs@PPS-B3 复合滤料经聚偏氟乙烯溶液涂覆后，形成的聚偏氟乙烯薄膜包裹了大部

分的 MnO_2 催化剂，使反应气体不能与催化活性位点接触。

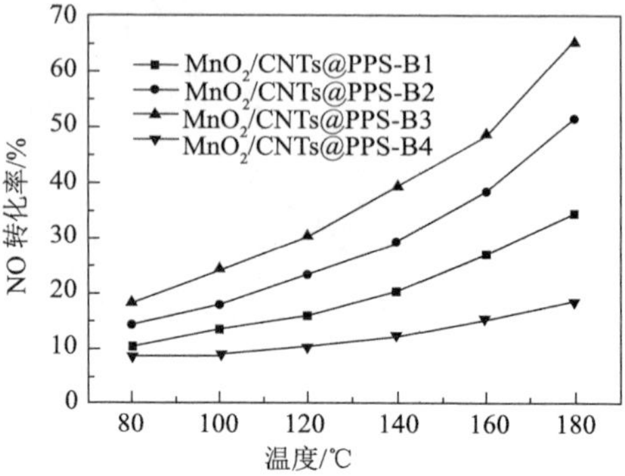

图 4-9　不同复合滤料的脱硝活性

4.3.3　抽滤法制备脱硝功能复合滤料的性能与表征

1. 扫描电镜分析

普通 PPS 滤料的平均孔径在 37μm 左右，它可以有效过滤一些大的颗粒物，如 PM10 等，但对于一些微细颗粒物如 PM2.5，其过滤效果不是很理想。因此，工业上常在 PPS 滤料表面附着一层聚四氟乙烯微孔薄膜，其图像如 4-10 所示。可以发现，覆膜滤料表面呈现出更致密的网络结构，大部分微孔孔径在 5μm 以下。由于碳纳米管直径在 5～15μm 之间，因此可以被覆膜滤料有效过滤。

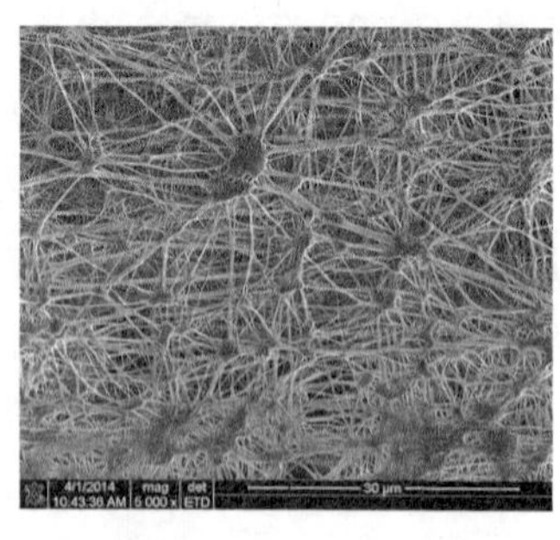

图 4-10　聚四氟乙烯微孔薄膜的 FESEM 图像

图 4-11 显示了抽滤法制备的脱硝功能复合滤料两面的环境扫描电镜图像。图 4-11(a)为覆膜面的 ESEM 图像，从中可以看出，碳纳米管催化剂均匀地填充于微孔薄膜的结构中，构成一层更致密的薄膜结构。图 4-11(b)为未覆膜面的 ESEM 图像，可以看到，催化剂并没有团聚形成大的颗粒物，而是相互连成一层致密的过滤层并与 PPS 纤维构成的网状结构紧密结合在一起。

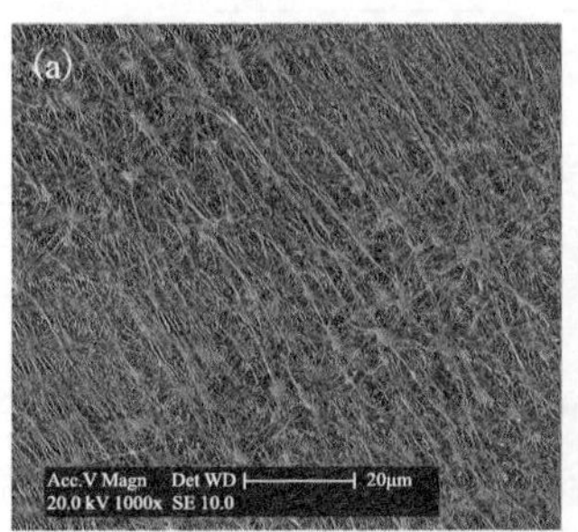

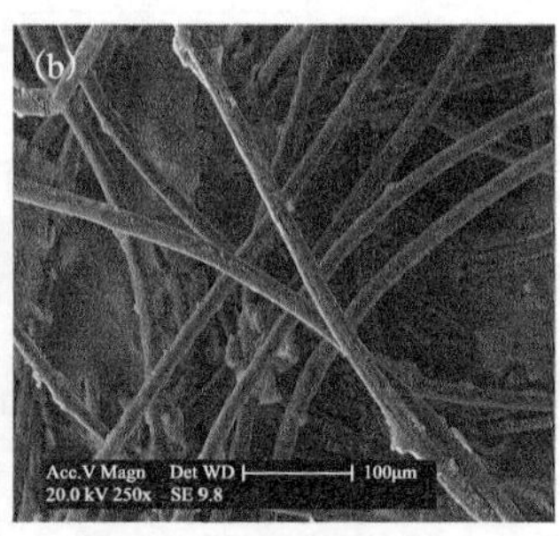

图 4-11　MnO_2/CNTs@PPS-C 复合滤料两面的 ESEM 图像

(a) 覆膜面; (b) 未覆膜面

2. 结合强度测试

选择 MnO_2/CNTs@PPS-C 复合滤料的覆膜面为进气面，然后通入 2000mL/min 氮气流，测试 MnO_2/CNTs 催化剂的负载量随时间的变化。由图 4-12 可知，在整个测试时间内催化剂的负载量几乎没有损失，表明该复合滤料中催化剂与滤料间的结合强度高。MnO_2/CNTs@PPS-C 和 MnO_2/CNTs@PPS-B3 复合滤料的催化剂负载量一样，对比它们的结合强度曲线可知，抽滤法制备的脱硝功能复合滤料中 MnO_2/CNTs 与滤料的结合更牢固，这主要是由于抽滤法以催化剂原始溶液进行抽滤，碳纳米管在溶液中分散性好，不容易团聚，并在抽滤过程中随着气流的作用穿插于 PPS 滤料和聚四氟乙烯微孔薄膜上，与覆膜滤料形成相互交织的复合结构。

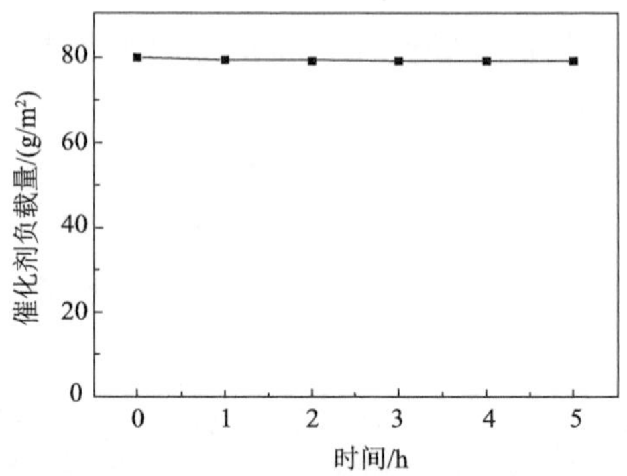

图 4-12　MnO_2/CNTs@PPS-C 复合滤料的催化剂负载量随时间的变化

3. 透气性能测试

图 4-13 为原始覆膜滤料和 MnO_2/CNTs@PPS-C 复合滤料的压降柱状图。从图中可以看出，PPS 滤料经附着一层聚四氟乙烯微孔薄膜后，压降从 38Pa 增加到 133Pa。覆膜滤料表面孔径更小，使气流流通更加困难，因此压降升高。对于 MnO_2/CNTs@PPS-C 复合滤料，从图 4-11 可知，碳纳米管在其内部形成了更为致密的网状结构，因此其压降高达 377Pa。

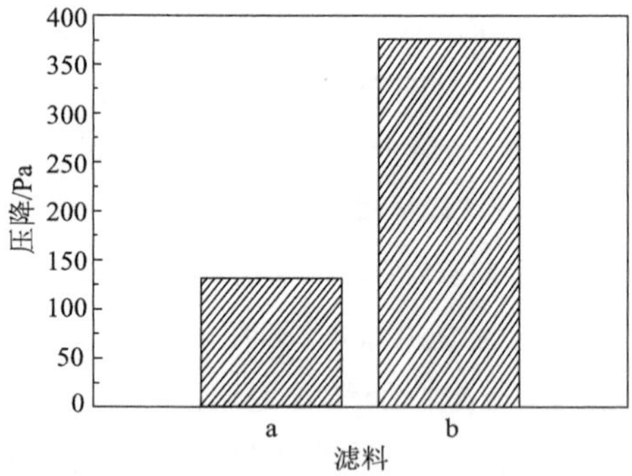

图 4-13　覆膜滤料(a)和 MnO_2/CNTs@PPS-C 复合滤料(b)的压降柱状图

4. 脱硝活性测试

图 4-14 显示了 MnO_2/CNTs@PPS-C 复合滤料的低温 SCR 活性。从图中可以看出，复合滤料在 80℃时的脱硝率就可达 39%，而且随着温度的升高脱硝率逐渐增加，当温度为 180℃时，脱硝率达到了 73%。对比 MnO_2/CNTs@PPS-B3 和 MnO_2/CNTs@PPS-C 复合滤料的脱硝率可知，虽然它们的 MnO_2/CNTs 催化剂负载量均为 $80g/m^2$，但用抽滤法制备的脱硝功能滤料的脱硝率比用涂覆法制得的复合滤料的脱硝率更高。这一方面是由于碳纳米管催化剂在 MnO_2/CNTs@PPS-C 复合滤料内部堆积更紧密，有利于气体吸附，另一方面是由于 MnO_2/CNTs@PPS-C 复合滤料压降更大，气体流通比较困难，因此催化剂与气流的接触时间更长，更有利于催化还原反应。

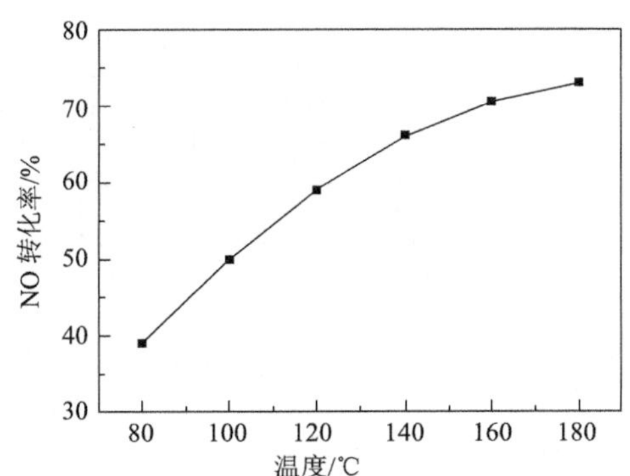

图 4-14　MnO_2/CNTs@PPS-C 复合滤料的脱硝活性

4.3.4　提高复合滤料脱硝性能的途径分析

由上述分析可知，脱硝功能复合滤料的脱硝率随着催化剂的负载量和压降的增大而增大，但是对于工业应用来说，过高的负载量不仅给各种操作带来不利，而且容易导致催化剂团聚和脱落，从而逐渐失去活性。另外，增加复合滤料压降会使其透气性变差，滤料处理烟尘排放量的能力下降，还会带来其他一些不必要的麻烦。因此，需要寻找更加有效的途径来提高复合滤料的脱硝性能。

复合滤料内部纤维呈三维无规则排列，纤维间的空隙远大于常规催化剂粉末堆积所产生的空隙，因此复合滤料必定有和常规催化剂不一样的脱硝性能。为进一步研究脱硝功能复合滤料的催化特性，有必要将其与常规催化剂粉末的性能进行对比。为此，对 12mg、30mg 和 50mg 的 MnO_2/CNTs 催化剂粉末（分别对应脱硝功能复合滤料上负载量为 20g/m^2、50g/m^2 和 80g/m^2 的 MnO_2/CNTs 催化剂的量）进行了透气性能测试和脱硝活性测试，其结果如图 4-15 和图 4-16 所示。

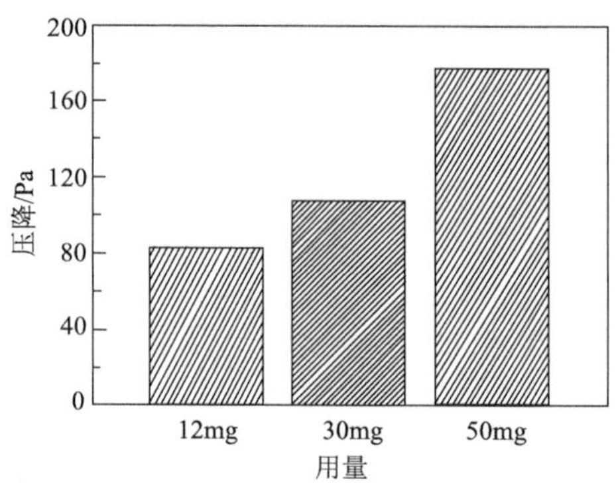

图 4-15　不同质量的 MnO_2/CNTs 催化剂的压降柱状图

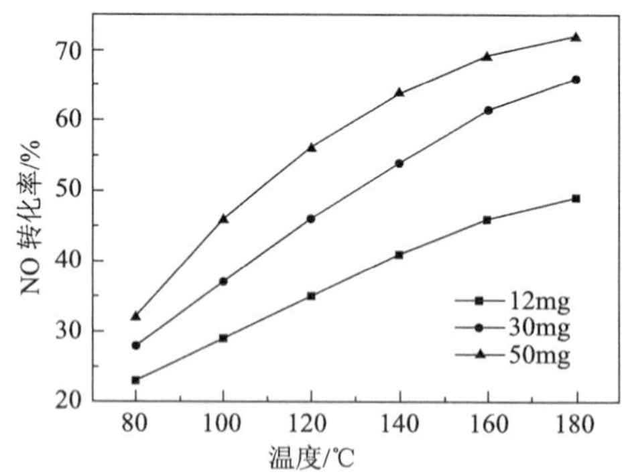

图 4-16　不同质量的 MnO_2/CNTs 催化剂的脱硝活性

从图中可知，催化剂用量越大，其压降越高，因而整体的脱硝效果也越好。对于 12mg 的 MnO_2/CNTs 催化剂，其压降为 83Pa，在 80℃时的脱硝率为 23%，均高于同等催化剂量的 MnO_2/CNTs@PPS-A 和 MnO_2/CNTs@PPS-B1 复合滤料的脱硝率。这与之前研究的结果一致，即同等催化剂量的条件下，压降越大，越有利于气体与催化剂接触，因此脱硝率越高。然而，对于 30mg 的 MnO_2/CNTs 催化剂，其压降为 102Pa，低于 MnO_2/CNTs@PPS-B2 和 MnO_2/CNTs@PPS-B3 复合滤料的压降，但它的脱硝率比 MnO_2/CNTs@PPS-B2 和 MnO_2/CNTs@PPS-B3 复合滤料高。

Fang 等[132]研究了聚集的碳纳米管间的孔结构及其吸附性能，发现碳纳米管堆积作用产生的孔径在 20～40nm 的介孔范围内，并且它们对气体的吸附性能起主要作用。众所周知，脱硝催化剂的氧化还原反应始于气体的吸附，因此催化剂的孔结构对气体的吸附性能至关重要。由于只有介孔(孔径大小在 2～50nm)才会产生气体吸附作用，复合滤料上的 MnO_2/CNTs 催化剂由于被纤维分散，因此它们间产生的介孔体积大大减少，所以脱硝率也大大降低。这也是 MnO_2/CNTs@PPS-A 复合滤料具有非常低的脱硝率的原因之一。而涂覆法制得的复合滤料，由于催化剂在纤维表面容易团聚，因此其脱硝活性增强。对于抽滤法制备的脱硝功能复合滤料，碳纳米管催化剂间相互交缠形成致密的网状结构，可产生许多介孔，因而具有很高的脱硝活性。

由此可知，提高复合滤料脱硝性能的另一有效途径是增加催化剂在纤维表面的堆积密度，从而产生更多的介孔结构，这样可有利于反应气体的吸附和催化，进而提高复合滤料的脱硝性能。这一研究结果对制备新型高效的脱硝功能复合滤料具有重要的指导意义。

4.4 本章小结

(1)采用表面活性剂分散法制备了 MnO_2/CNTs 负载量为 20g/m^2 的脱硝功能复合滤料，并对其微观形貌、结合强度、透气性及脱硝活性进行了研究，结果表明 MnO_2/CNTs 催化剂在 PPS 滤料上分散均匀，与纤维结合牢固，不影响滤料的透气性，但复合滤料在 180℃的脱硝率仅有 27%，并且催化剂的负载量受 PPS 滤料吸水性的影响而增加缓慢。

(2)采用涂覆法制备了四种脱硝功能复合滤料，发现随着 MnO_2/CNTs 负载量的增加，其在复合滤料中易团聚，并使复合滤料的结合强度下降，压降增大，但是在复合滤料表面涂覆一层聚偏氟乙烯溶液，不仅可以增加催化剂与滤料间的结合强度，还可降低复合滤料的压降。复合滤料的脱硝率随着催化剂负载量的增加而提高，当负载量为 20g/m^2 时，复合滤料在 180℃的脱硝率为 34%，高于同等负载量下用表面活性剂分散法制得的复合滤料的脱硝率。当负载量达到 80g/m^2 时，复合滤料在 180℃的脱硝率可达到 65%。当在其表面涂覆聚偏氟乙烯黏结剂后，由于催化剂的活性点被包覆，因而脱硝率大大降低。

(3)为增强 PPS 滤料的过滤效果，在其表面附着一层聚四氟乙烯微孔薄膜，扫描电镜观察发现该薄膜的大部分微孔孔径在 5μm 以下。然后将该覆膜滤料通过抽滤法制得 MnO_2/CNTs 负载量为 80g/m^2 的脱硝功能复合滤料。结果显示，MnO_2/CNTs 催化剂在该复合滤料内部形成致密的网状结构，并与滤料牢固结合在一起，因而复合滤料的结合强度较高，但压降急剧增加，达到 377Pa。另外，该法制得的复合滤料在 180℃的脱硝率为 73%，高于同等负载量下用涂覆法制得的复合滤料的脱硝率。

(4)通过对 MnO_2/CNTs 催化剂粉末的性能进行对比，研究了脱硝功能复合滤料的催化特性。结果发现，复合滤料的脱硝性能不仅受催化剂负载量和压降的影响，还与催化剂的孔结构有关。催化剂产生的介孔越多，越有利于气体的吸附和催化，因而有利于脱硝反应。这一研究结果对制备新型高效的脱硝功能复合滤料具有重要的指导意义。

第 5 章 聚苯硫醚滤料的多巴胺改性及其原位生成 MnO_2 催化剂

5.1 引 言

在制备脱硝功能复合滤料的过程中，催化剂一般需要单独制备，然后通过特殊的工艺或方法将其填充在滤料的内部[102, 103]。由于催化剂与滤料纤维表面没有相互作用力，因此在使用过程中，催化剂很容易被烟气从滤料纤维表面吹落而逐渐失去作用。另外，这种方式制备的脱硝功能复合滤料的透气性差，催化剂在滤料内部分散不均，容易引起堵塞。相比之下，若脱硝催化剂能直接在滤料纤维表面原位生成，不仅给脱硝功能复合滤料的制备工艺带来极大的便利，还可使复合滤料的综合性能得到大大提升。但是，通过一步法制备脱硝功能复合滤料的研究还未见报道，因此开展与此相关的研究非常有意义。

要在滤料纤维上直接负载脱硝催化剂，就必须对其表面进行活化改性，并接枝上含氧功能基团，为催化剂的生长及固定提供活性位点。聚苯硫醚(PPS)纤维具有惰性的分子结构，拥有许多优异的性能，如能够耐强酸强碱的腐蚀，抗水解性能高，吸湿率低等，因而成为电厂过滤材料的首选[133-139]。但另一方面，这种惰性的分子结构也给其表面活化改性带来了巨大的困难。虽然人们为此做出了很大的努力，但对 PPS 滤料的改性也只是集中在有限的少数几种方法上，如磺化改性和等离子体表面改性[140-142]。林雅莉等[143]利用磺化反应对 PPS 非织毡进行了改性研究，通过控制一定的反应时间和温度，不仅使 PPS 非织毡的亲水性得到了明显改善，还保留了较好的力学性能。江雪梅等[144]通过低温等离子体技术在 PPS 纤维表面引入了大量的 SO_4^{2-}等极性基团，改善了 PPS 纤维表面的吸湿性。刘清等[145]对 PPS 滤料进行了各种酸碱处理，发现只有 HNO_3 处理的 PPS 滤料的结构和性能发生了变化。尽管这些方法能在 PPS 纤维表面接上一些极性基团，但是其数量比较少，而且或多或少地破坏 PPS 纤维的分子结构和物理性能。因此，迫切需要一种无损的表面改性方法。

海洋贻贝类黏性蛋白的发现，给材料表面的改性和功能化提供了一种新的途径[146-153]。多巴胺正是这样一类仿生物质[154]，它含有邻苯二酚羟基和氨基基团，这些基团活性比较高，能与各种材料(如金属、半导体、陶瓷、高分子等)以共价键和非共价键形成很强的作用力，对材料的黏结起着非常重要的作用。其黏结机理是通过多巴胺在有氧弱碱条件下自聚合形成聚多巴胺而实现的[151, 155-157]。聚多巴胺上保留着多巴胺的酚羟基和含氮活性官能团，能够继续发生反应，为材料的二次改性提供了平台。

本章首先利用多巴胺的氧化自聚合反应对 PPS 滤料表面进行改性，同时以硝酸酸化改性的 PPS 滤料作为对比，通过 SEM、XPS、FTIR、TGA、拉伸强度测试等分析手段对改性滤料的结构和性能进行了研究。然后，利用多巴胺改性 PPS 滤料表面的聚多巴胺层与二价锰离子的螯合作用，以高锰酸钾作为氧化剂，在聚多巴胺包裹的 PPS 滤料表面原位生成 MnO_2 催化剂。XPS、SEM、EDS、FTIR、TGA 和脱硝活性测试装置等被用来表征该脱硝功能聚苯硫醚复合滤料的结构和性能。另外，还考察了多巴胺溶液的浓度对复合滤料的负载量及脱硝性能的影响。

5.2　多巴胺改性 PPS 滤料原位生成 MnO_2 催化剂的制备

5.2.1　多巴胺改性 PPS 滤料的制备

将一定质量的盐酸多巴胺粉末加入到去离子水中搅拌溶解，然后通过加入一定量的三(羟甲基)氨基甲烷使溶液的 pH 调至 8.5。将 PPS 滤料立即浸入上述配制好的多巴胺碱性溶液中，继续搅拌反应，可以发现溶液的颜色慢慢地由无色变为橙色，最后完全变为黑色，表明溶液中的多巴胺在逐渐进行氧化自聚合反应形成聚多巴胺(PDA)。待反应在室温条件下进行一定时间后(除特别说明外，一般均为 24h)，将滤料取出，用去离子水和乙醇冲洗至溶液变澄清，最后在 50℃的真空干燥箱中烘干，即得到多巴胺改性的 PPS 滤料(记为 PPS-PDA)[158, 159]。聚多巴胺的负载量以每平方米 PPS 滤料上负载的聚多巴胺的质量计算。

作为对比，另制备了酸改性的 PPS 滤料。其具体操作如下：将 PPS 滤料浸泡在质量浓度为 30%的 HNO_3 溶液中，60℃水浴 6h 后取出，用去离子水和乙醇洗至中性，然后置于 50℃的真空干燥箱中烘干，即得酸改性的 PPS 滤料(记为 PPS-NA)。

5.2.2 多巴胺改性 PPS 滤料原位生成 MnO_2 催化剂的制备

称取一定量的乙酸锰固体颗粒溶于去离子水中，配制成浓度为 0.05mol/L 的乙酸锰溶液。然后将上述反应制得的 PPS-PDA 滤料浸入该乙酸锰溶液中，使滤料表面的聚多巴胺充分吸附二价锰离子。在室温下浸渍 1h 后，取出，并用去离子水冲洗 2～3 次，以除去未吸附的锰离子。再将该滤料浸入 0.05mol/L 的高锰酸钾溶液中，室温下反应 3h，使高锰酸钾氧化二价锰离子原位生成 MnO_2 催化剂。最后，将滤料用大量去离子水和乙醇冲洗干净，在 50℃条件下真空烘干，即得到负载有 MnO_2 催化剂的 PPS-PDA 复合滤料(记为 MnO_2/PPS-PDA)。MnO_2 催化剂的负载量以单位面积 PPS 滤料上负载的催化剂的质量计算。

5.3　聚苯硫醚滤料的多巴胺改性及其原位生成 MnO_2 催化剂的性能

5.3.1　两种改性 PPS 滤料的结构和性能对比

1. 表面形态及成分分析

原始 PPS 滤料经过酸和浓度为 2g/L 的多巴胺缓冲溶液改性后，表面形态的变化如图 5-1 和图 5-2 所示。

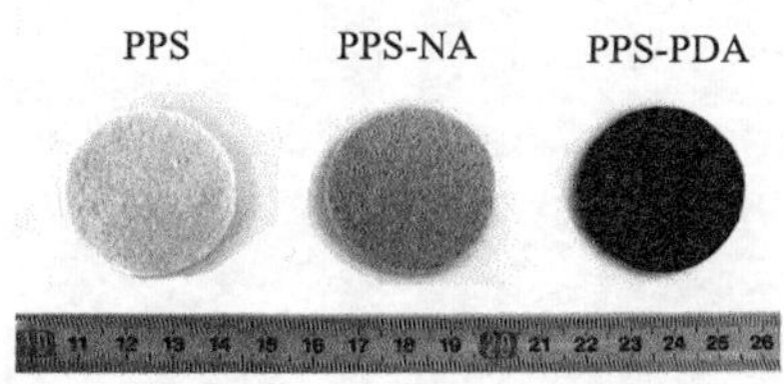

图 5-1　PPS 滤料、PPS-NA 滤料和 PPS-PDA 滤料的数码照片

图 5-1 为 PPS 滤料、PPS-NA 滤料和 PPS-PDA 滤料在同一背景色和日光下拍摄的数码照片。原始 PPS 滤料为浅黄色，经硝酸处理后的 PPS-NA 滤料颜色变深，根据滤料颜色的变化初步断定 PPS-NA 滤料的化学结构发生了变化。对于 PPS-PDA 滤料，其表面呈黑色，滤料的纹理均匀且无杂色，说明多巴胺在碱性溶液中发生了化学反应，反应产物为黑色，并且产物具有一定的黏附性，在搅拌的条件下能缓慢地附着到 PPS 滤料表面上。为进一步研究改性滤料内部及表面的微观结构，采用环境扫描电镜观察滤料改性前后的形貌特征，结果如图 5-2 所示。从图 5-2(a)，(c)，(e)可以看出，PPS 滤料经过酸改性和多巴胺改性后，内部结构和纤维形状基本上没有发生变化，但纤维表面的形貌出现了很大的改变。原始 PPS 纤维表面相对光滑，无任何杂质[图 5-2(b)]。但是，经

过酸化处理后，纤维表面变得凹凸不平[图 5-2(d)]，说明硝酸对纤维表面进行了化学侵蚀。而经多巴胺改性的 PPS 滤料，纤维表面粗糙度增加，包覆了一定厚度的膜状物质[图 5-2(f)]。为进一步证明这些膜状物质是多巴胺的产物，对 PPS-PDA 滤料表面的化学成分进行了 XPS 分析测试。

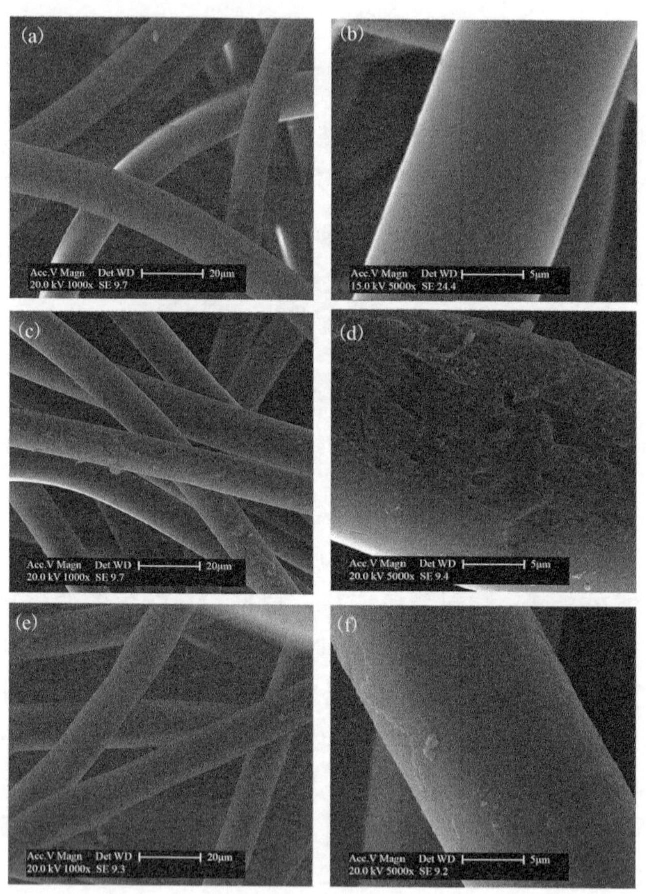

图 5-2　PPS 滤料(a，b)、PPS-NA 滤料(c，d)和 PPS-PDA 滤料(e，f)的 ESEM 图像

图 5-3 为 PPS-PDA 滤料表面的 XPS 全谱图。由图可知，PPS-PDA 滤料表面主要含有 C、O 和 N 三种元素。众所周知，PPS 的分子结构中不含 O 和 N 元素，因此，可以断定这两种元素来源于黏附在 PPS 纤维表面的物质。另外，XPS 图谱中 S 元素的峰非常微弱，说明 PPS 纤维基本上已被其表面所黏附的物质覆盖。

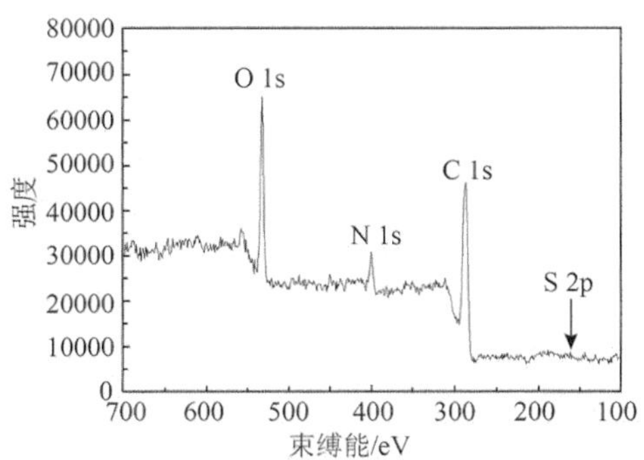

图 5-3　PPS-PDA 滤料的 XPS 全谱图

表 5-1 列出了 PPS-PDA 滤料表面的化学成分及原子比例。由表 5-1 可知，PPS-PDA 滤料表面的 S 元素含量只有 1.15at%①，而 N 元素含量高达 7.12at%，稍微低于纯聚多巴胺结构中的 N 元素的含量。这可能是由于聚多巴胺在 PPS-PDA 滤料表面所形成的薄膜并不是很致密，使得在对 PPS-PDA 滤料表面进行扫描测试时，一部分裸露或包裹较薄的地方的 PPS 分子中的 C 和 S 元素计入测量数据内，导致测量得到的 PPS-PDA 滤料表面的 N 元素含量低于理论计算值[152]。另外，PPS-PDA 滤料表面经过多巴胺改性后，表面 N/C 和 O/C 原子数之比与纯聚多巴胺的很接近[158]。因此，结合这几组数据可以证实，多巴胺在 PPS 滤料表面发生了自聚合反应形成聚多巴胺包覆层，且 PPS 纤维表面基本被聚多巴胺薄膜包覆，这与 SEM 所检测到的结果一致。还有一点需要说明的是，XPS 的探测深度大约为 7.5nm，因此

① at%表示原子分数。

可以间接证明聚多巴胺在 PPS 滤料表面形成的包覆层厚度大于7.5nm。PPS-PDA 滤料表面包覆的聚多巴胺层可为滤料的进一步功能化提供基础，也为下一步吸附及固定 Mn^{2+}提供活性位点。

表 5-1 PPS-PDA 滤料表面的化学组成

组成	PPS-PDA	聚多巴胺（理论值）
C 1s/at%	75.47	72.7
N 1s/at%	7.12	9.1
O 1s/at%	16.26	18.2
S 2p/at%	1.15	—
N/C	0.094	0.125
O/C	0.22	0.25

2. 红外光谱分析

图 5-4 为 PPS 滤料、PPS-NA 滤料和 PPS-PDA 滤料的红外光谱图。从图 5-4(a)可以看到，原始 PPS 滤料显示了非常多的红外吸收峰，这可能与滤料在制备和生产过程中经过各种处理有关。主要振动吸收峰有 3064cm^{-1} 处苯环上 C—H 的伸缩振动峰，1570cm^{-1}、1468cm^{-1}、1382cm^{-1} 处苯环骨架上 C═C 的伸缩振动峰，1177cm^{-1} 处弱的 C—S 振动吸收峰，804cm^{-1} 处的吸收峰归属于苯环对位取代质子的面外弯曲振动，740cm^{-1} 和 704cm^{-1} 处的吸收峰为 PPS 主链上 Ar—S—Ar 基团(芳烃的苯环上除掉一个氢原子后所剩下的基团称为芳基，通常以 Ar-表示[160])的振动吸收峰。图 5-4(b)显示了 PPS-NA 滤料的红外光谱图，与原始 PPS 相比，PPS-NA 的红外光谱图基本上没变化，但在 1048cm^{-1} 处多出一个吸收峰。经分析得知，该吸收峰为亚砜基 S—O 的伸缩振动峰[161]，表明 PPS 滤料经硝酸酸化处理后分子结构发生了变化。对于 PPS-PDA 滤料，其红外光谱图如 5-4(c)所示，在 3509cm^{-1} 和 1508cm^{-1} 的两个位置出现了新的吸收峰。其中，3509cm^{-1} 处的宽峰为 O—H 和 N—H 的伸缩振动峰，1508cm^{-1} 为醌

基或苯基中被改性而出现的 C═N 的伸缩振动峰。这与文献报道的聚多巴胺的特征峰一致[153]，因此进一步证明了 PPS-PDA 滤料表面包覆的物质为聚多巴胺。

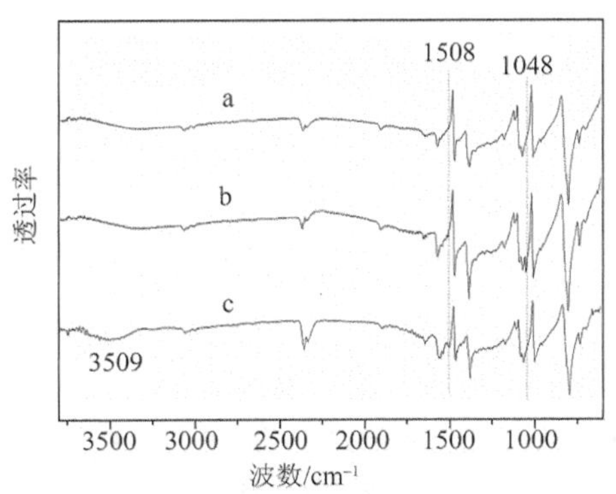

图 5-4　PPS 滤料(a)、PPS-NA 滤料(b)和 PPS-PDA 滤料(c)的红外光谱图

3. 热重分析

图 5-5 为 PPS 滤料、PPS-NA 滤料和 PPS-PDA 滤料在空气气氛下的热重分析曲线图。经分析得知，原始 PPS 滤料的起始失重温度为 480℃，经过酸化处理后，PPS-NA 滤料的起始失重温度降低到 310℃，这说明经过硝酸酸化后，PPS 滤料的化学结构遭到破坏，热稳定性降低。对于 PPS-PDA 滤料，它的起始失重温度略低于原始 PPS 滤料，这是由其表面包覆的聚多巴胺的热分解造成的，说明 PPS 滤料经多巴胺改性后，化学性质保持不变。另外，当温度达到 800℃时，PPS-PDA 滤料的残余率略高于 PPS 和 PPS-NA 滤料，说明至少有部分聚多巴胺热稳定性很高。

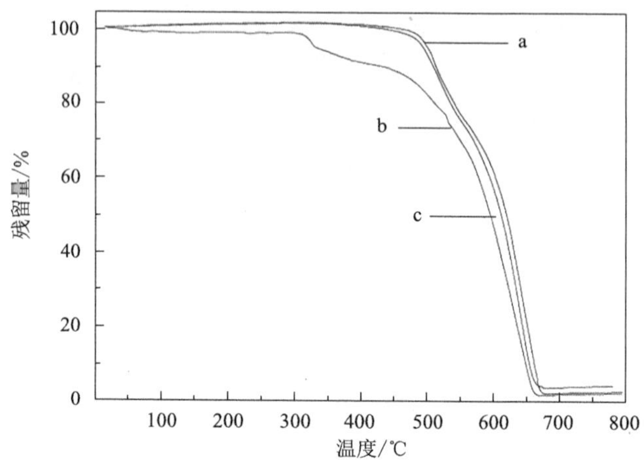

图 5-5　PPS 滤料(a)、PPS-NA 滤料(b)和 PPS-PDA 滤料(c)在空气气氛下的热重分析曲线

4. 拉伸强度分析

图 5-6 为原始 PPS 滤料、PPS-NA 滤料和 PPS-PDA 滤料的横向和纵向拉伸强度柱状图。由图可知，原始 PPS 滤料的横向和纵向拉伸强度分别为 13.36MPa 和 12.24MPa。而经硝酸处理后的 PPS 滤料的横向和纵向拉伸强度都明显降低，分别为 9.57MPa 和 8.74MPa。由 ESEM、FTIR 和 TG 分析可知，经硝酸处理后的 PPS 滤料结构和性质发生了变化，化学结构遭到破坏，因此其力学性能也相应地受到影响而降低。与原始 PPS 滤料相比，经多巴胺改性后的 PPS 滤料的横向和纵向拉伸强度都没有变化，这可能是由于聚多巴胺包覆层的厚度较薄，因而对 PPS 滤料的力学性能的提高没有贡献。同时也说明多巴胺改性方法是一种无损的表面活化方法。

综上所得，PPS 滤料经过酸化处理后对纤维的结构和性质破坏较大，会影响滤料的使用寿命，不宜用作 PPS 滤料的改性手段。而经多巴胺改性后的 PPS 滤料保持了原始 PPS 滤料各种性能。最重要的是，使原本惰性的 PPS 滤料纤维表面包覆了一层或多层聚多巴胺的薄膜物质，它们富含酚羟基和含氮官能团等活性基团，为滤料的进一步功能化提供了平台。

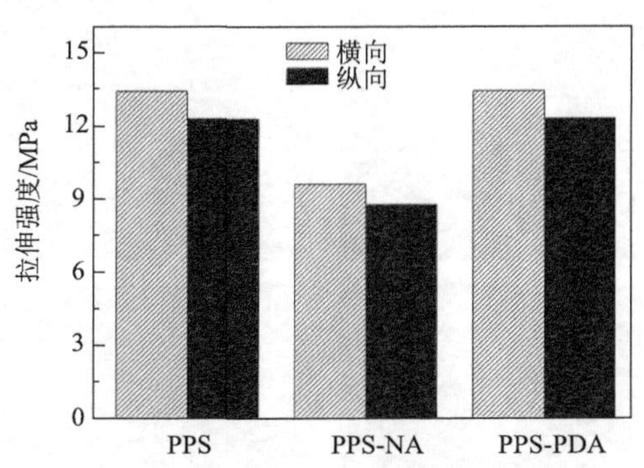

图 5-6　不同滤料的拉伸强度柱状图

5.3.2　反应条件对 PPS-PDA 滤料结构的影响

1. 反应时间的影响

图 5-7 显示了多巴胺浓度为 2g/L 时，PPS-PDA 滤料纤维表面沉积聚多巴胺的情况与反应时间的关系。由图可知，随着反应时间的增加，聚多巴胺在 PPS 滤料纤维表面包覆的完整性提高，反应进行到 18h 后，表面包覆的聚多巴胺层已经很完整。通常，多巴胺的自聚合反应发生在前 12h 内，此时聚多巴胺在基体表面的厚度增长较快。当反应时间大于 12h 后，基体表面的聚多巴胺增加较缓慢，主要是由于溶液中的聚多巴胺缓慢吸附到基体上，增加了包覆物的厚度和完整性。一般当反应进行 24h 后，厚度不再增加[159]。这与观测到的结果一致，因此选择多巴胺的反应时间为 24h。

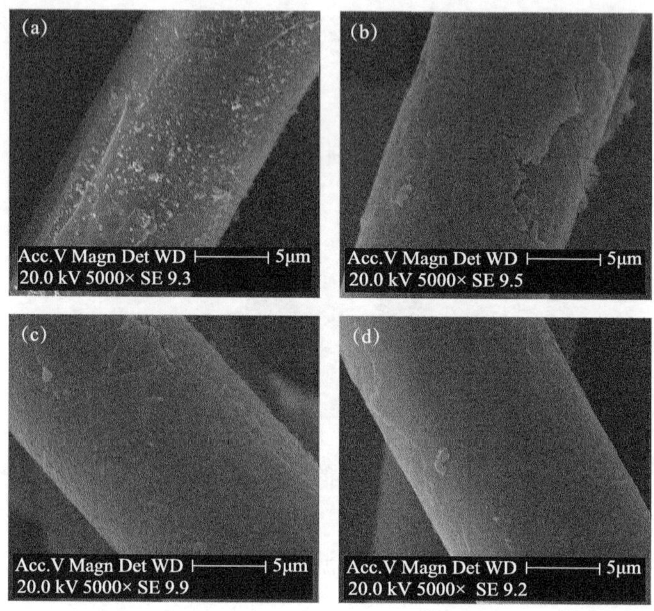

图 5-7 不同反应时间制备的 PPS-PDA 滤料的 ESEM 图像

(a) 6h; (b) 12h; (c) 18h; (d) 24h

2. 多巴胺溶液浓度的影响

图 5-8(a)～(d)是多巴胺浓度分别为 0.5g/L、1g/L、2g/L 和 4g/L 改性之后的 PPS 滤料纤维表面的形貌图。可以发现，纤维表面的粗糙度随着多巴胺溶液浓度的增加而增加，表明表面包覆的聚多巴胺的量越来越大。图 5-9 是 PPS-PDA 滤料上聚多巴胺的负载量与多巴胺溶液浓度的曲线图。从图中可以看出，当多巴胺溶液浓度低于 2g/L 时，PPS-PDA 滤料上聚多巴胺的负载量增长较快；当浓度超过 2g/L 后，聚多巴胺的负载量增长速度减缓，这可能是由于 PPS-PDA 滤料上聚多巴胺的负载量逐渐达到饱和。

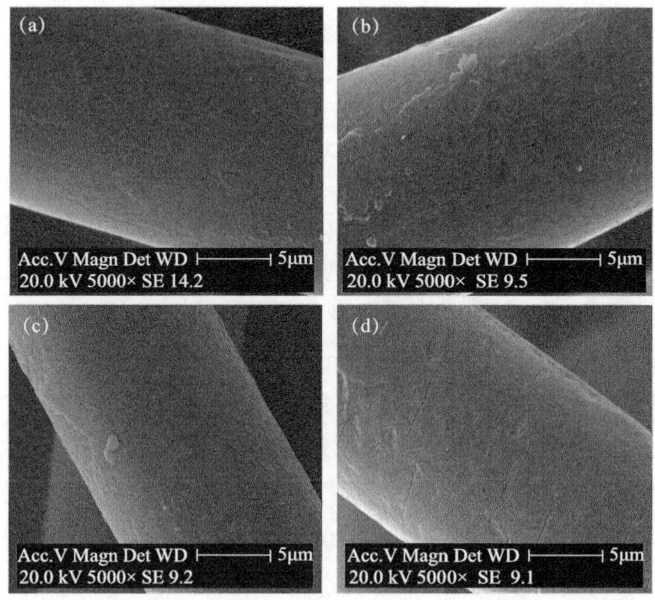

图 5-8　不同浓度的多巴胺溶液制备的 PPS-PDA 滤料的 ESEM 图像

(a) 0.5g/L; (b) 1g/L; (c) 2g/L; (d) 4g/L

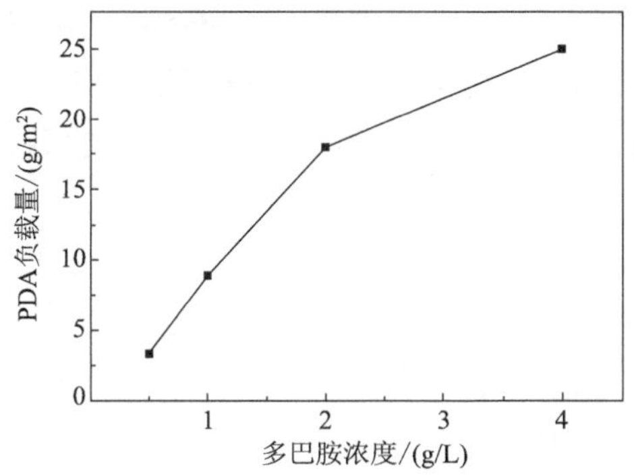

图 5-9　不同多巴胺浓度改性的 PPS-PDA 滤料上聚多巴胺的负载量

5.3.3 MnO_2/PPS-PDA 复合滤料的结构及性能研究

1. X 射线光电子能谱分析

利用聚多巴胺上的酚羟基和含氮官能团与金属离子的螯合作用，使 PPS-PDA 滤料纤维表面充分吸附 Mn^{2+}后，通过高锰酸钾溶液将其原位还原成 MnO_2 催化剂，制备得到了 MnO_2/PPS-PDA 复合滤料。通过 XPS 对其表面元素成分及化学价态进行分析，结果如图 5-10 所示。从图 5-10(a) 中可以看出 MnO_2/PPS-PDA 表面出现了 Mn、O、K、C 和 S 等元素的能谱峰，说明锰氧化物成功负载到 PPS-PDA 滤料上。图 5-10(b) 显示 N 元素的能谱峰变得相当弱，这可能是由于含氮基团与 Mn^{2+}螯合作用比较强，使得大量 MnO_2 催化剂在这些位点原位生成，从而覆盖了 N 元素。图 5-10(c) 显示 Mn 2p 的能谱峰裂分为两个峰，分别出现在 653.7eV (Mn $2p_{1/2}$) 和 642.0eV (Mn $2p_{3/2}$) 的位置，它们的能隙差为 11.7eV，这与文献报道的 MnO_2 的数据一致[129, 130]。另外，根据峰面积计算得到 Mn、O、K、C、N 和 S 元素在 MnO_2/PPS-PDA 复合滤料表面的原子分数分别为 10.33at%、29.35at%、3.1at%、50.15at%、1.78at%和 5.29at%，表明大量的 MnO_2 催化剂附着在 MnO_2/PPS-PDA 复合滤料的表层，为反应气体的吸附和催化提供活性位点。

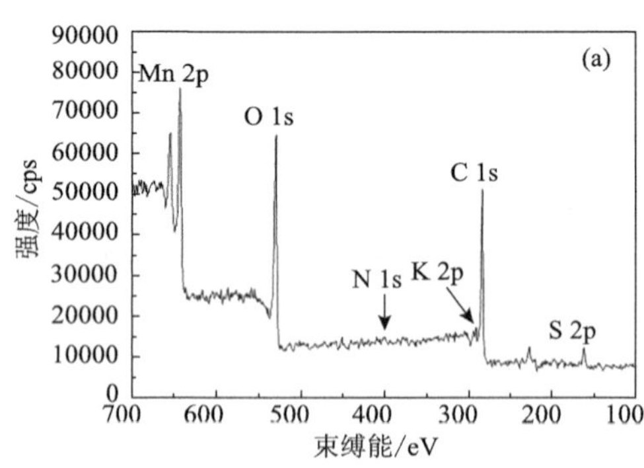

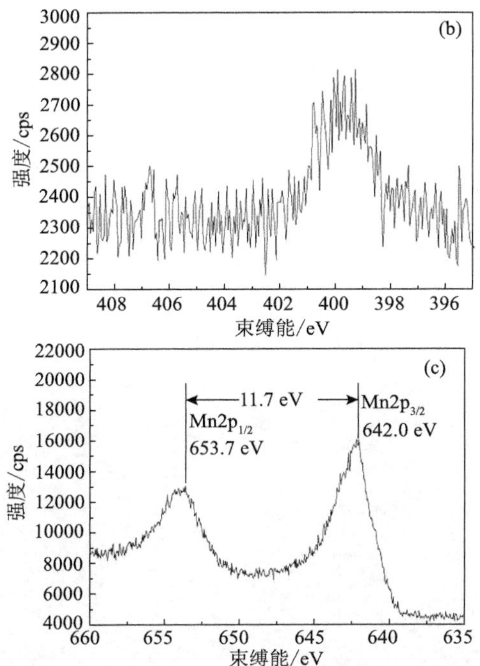

图 5-10　MnO_2/PPS-PDA 复合滤料的 XPS 谱图

(a)全谱；(b)N 1s; (c)Mn 2p

2. 扫描电镜分析

图 5-11 为 MnO_2/ PPS-PDA 复合滤料的环境扫描电镜图片。从图中可以看出，经 MnO_2 催化剂负载后，PPS 滤料表面形貌变化很大，不仅可以发现表面附着了许多颗粒状物质，还有少数纤维表面的聚多巴胺层出现破裂。这可能是由于在制备 MnO_2/PPS-PDA 复合滤料的过程中，高锰酸钾的加入影响了聚多巴胺的分子结构，从而使它们之间的黏附力下降。这也是 XPS 分析中复合滤料表面出现更强的 S 元素能谱峰的原因。图 5-12 显示了 MnO_2/PPS-PDA 复合滤料纤维表面的高倍的场发射扫描电镜图片。可以看出，虽然聚多巴胺层出现了裂痕，但还是与整体连接在一起，说明大部分聚多巴胺层之间的结合比较牢固。另外，催化

剂颗粒固定在聚多巴胺层的表面，呈纳米级别分散。EDS 图片(图 5-13)进一步证实 MnO_2/PPS-PDA 复合滤料表面含有 Mn、S、C、O 和 K 元素(EDS 分析无法给出 N 元素的能谱峰)[162]，其质量分数分别为 28.34%、27.16%、30.89%、10.06%和 3.56%。并且这些元素的分布如图 5-13(d)～(h)所示，可以看出 MnO_2 是均匀分散在聚多巴胺上面，没有出现明显的团聚现象。虽然 MnO_2/PPS-PDA 复合滤料经过多次去离子水和无水乙醇洗涤，但还是有少部分钾离子没有被除去，这也间接说明了聚多巴胺对阳离子的吸附作用较强。

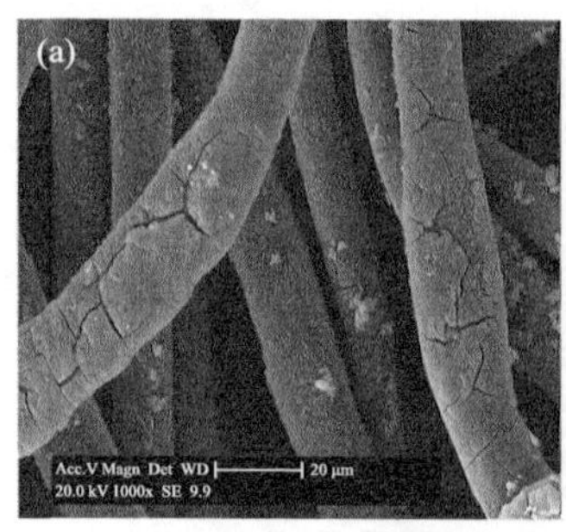

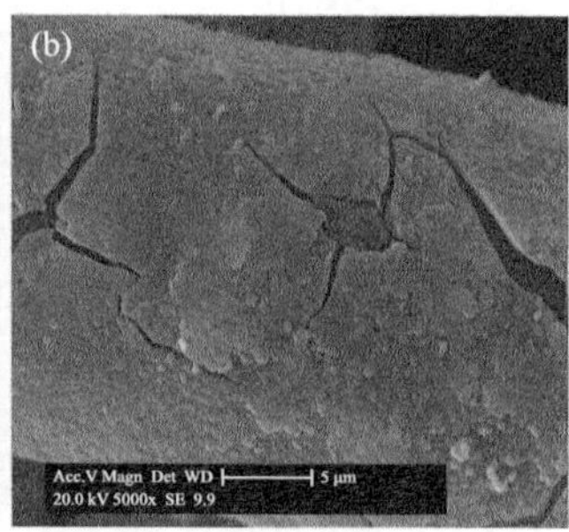

图 5-11　MnO_2/PPS-PDA 复合滤料的 ESEM 图像

图 5-12　MnO_2/PPS-PDA 纤维表面的高倍 FESEM 图像

3. X 射线衍射分析

图 5-14 显示了 PPS 滤料、PPS-PDA 滤料及 MnO_2/PPS-PDA 复合滤

料的 XRD 谱图。PPS 由于具有刚性分子链结构，容易堆积形成结晶区域。因此，在 PPS 滤料的 XRD 谱图中，可以看到两个较强的衍射峰和一些较小的弱的衍射峰。而经过多巴胺改性的 PPS 滤料，表面包覆了一层聚多巴胺，因此对 PPS 的衍射峰造成一定的干扰，并使其衍射峰强度减弱。另外，还可发现 PPS-PDA 滤料在 20°附近的衍射峰变宽，这可能是代表聚多巴胺的无定形结构的衍射峰。对于 MnO_2/PPS-PDA 复合滤料，它的衍射峰与 PPS 滤料类似，并未发现新的衍射峰。由此可以推断 MnO_2 催化剂在复合滤料上分散性很好，并呈无定形结构。

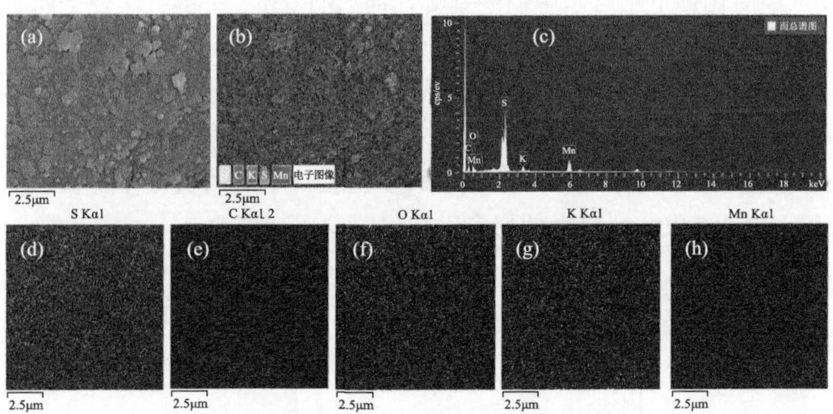

图 5-13　MnO_2/PPS-PDA 纤维表面(a, b)的 EDS 谱图(c)和 S(d)、C (e)、O(f)、K(g)及 Mn(h)元素分布谱图

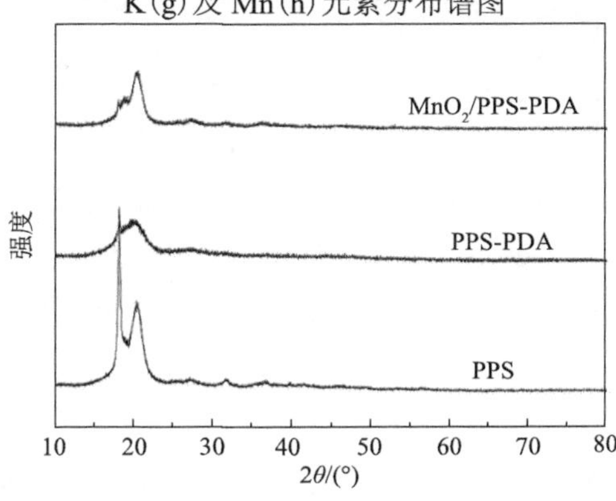

图 5-14　PPS 滤料、PPS-PDA 滤料及 MnO_2/PPS-PDA 复合滤料的 XRD 谱图

4. 红外光谱分析

图 5-15 是 MnO_2/PPS-PDA 复合滤料的红外光谱图。对比图 5-4(c)可以发现，PPS-PDA 滤料在 3509cm^{-1} 处的 O—H 和 N—H 伸缩振动峰和 1508cm^{-1} 处醌基或苯基中被改性而出现的 C═N 的伸缩振动峰消失，代替的是 MnO_2/PPS-PDA 复合滤料在 3422cm^{-1} 和 1418cm^{-1} 两处的新吸收峰。还可以发现 MnO_2/PPS-PDA 复合滤料在 1647cm^{-1} 处的吸收峰增强。3422cm^{-1} 和 1647cm^{-1} 两处的吸收峰为 MnO_2 催化剂上结合水中的羟基峰，而 1418cm^{-1} 处的吸收峰来源于吡咯环中 C—N 的变形振动。这说明 MnO_2/PPS-PDA 复合滤料中聚多巴胺的结构发生了某种变化。结合扫描电镜的结果，可以推测，在 MnO_2 催化剂的形成过程中，聚多巴胺层上的酚羟基和含氮官能团也同时发生了氧化，从而减少了聚多巴胺分子间的氢键作用和化学键作用，使 PPS 滤料上的聚多巴胺包覆层出现裂痕。

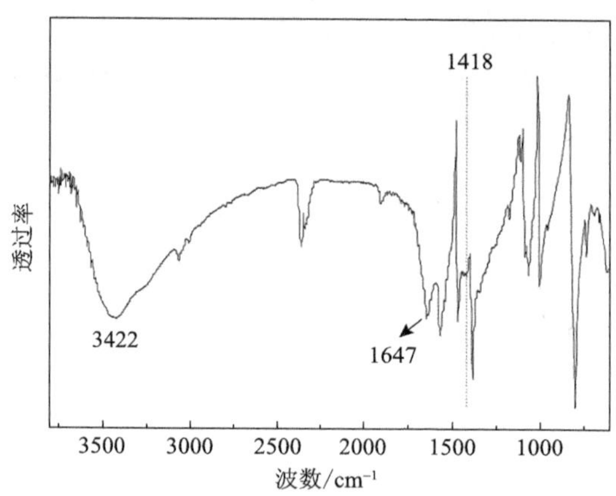

图 5-15 MnO_2/PPS-PDA 复合滤料的红外光谱图

5. 热重分析

图 5-16 为 MnO_2/PPS-PDA 复合滤料的热重曲线图。对比图 5-5

可以发现，MnO_2/PPS-PDA 复合滤料的热稳定性与原始 PPS 滤料和 PPS-PDA 滤料的热稳定性基本一致，说明 MnO_2/PPS-PDA 复合滤料中的 PPS 和聚多巴胺分子性质仍很稳定。虽然红外光谱分析指出，加入高锰酸钾溶液对聚多巴胺的分子结构有重大影响，但聚多巴胺分子的主体结构并未受到影响。因此，热重分析进一步说明了高锰酸钾只对聚多巴胺分子上侧链官能团有影响。

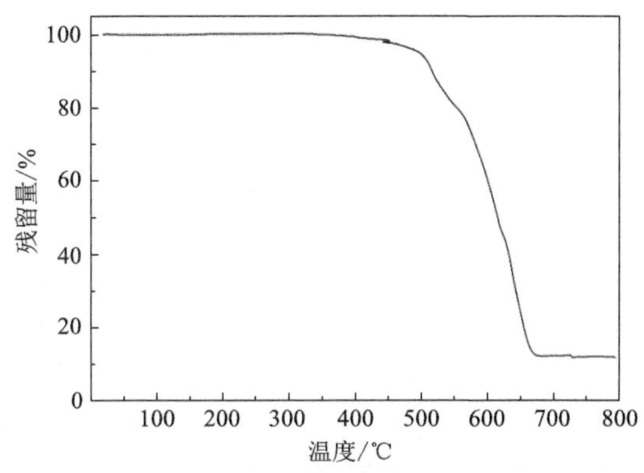

图 5-16　MnO_2/PPS-PDA 复合滤料的热重曲线

6. 脱硝活性测试

复合滤料的脱硝性能是本书的主要研究内容之一。一般来说，复合滤料的脱硝率受催化剂负载量和分散性的影响最大。图 5-17 显示了不同多巴胺浓度下制备的 MnO_2/PPS-PDA 复合滤料 MnO_2 催化剂的负载量。从图中可以看出，随着多巴胺浓度的增加，MnO_2/PPS-PDA 复合滤料中 MnO_2 催化剂的含量急剧增加。但当多巴胺浓度达到 2g/L 时，继续增加多巴胺的浓度，MnO_2 催化剂的负载量增长非常缓慢。由图 5-8 和图 5-9 可知，多巴胺溶液的浓度越大，PPS-PDA 滤料表面包覆的聚多巴胺的量就越多，其在表面吸附的 Mn^{2+} 就越多，因此催化剂的负载量就越大；但当浓度达到 2g/L 后，PPS-PDA 滤料表面已经包覆了足够量的聚多巴胺，Mn^{2+} 在 PPS-PDA

滤料表面的吸附达到饱和，因此继续增加多巴胺溶液的浓度，催化剂的负载量增加不明显。

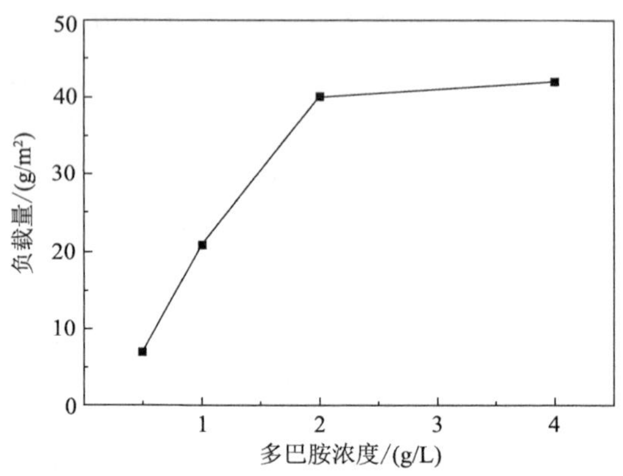

图 5-17　不同多巴胺浓度对 MnO_2/PPS-PDA 复合滤料催化剂负载量的影响

图 5-18 为不同多巴胺溶液浓度对 MnO_2/PPS-PDA 复合滤料脱硝率的影响。从图中可以看出，多巴胺浓度越大，MnO_2/PPS-PDA 复合滤料在整个温度范围内的脱硝率就越高，它与 MnO_2 催化剂在其上的负载量呈直线关系。当多巴胺浓度为 2g/L 时，MnO_2/PPS-PDA 复合滤料的脱硝率达到最高。在 80～180℃温度范围内，脱硝率从 32%增长到 62%。进一步增加多巴胺的浓度，MnO_2/PPS-PDA 复合滤料的脱硝率出现了轻微的下降，这可能是由于 MnO_2 催化剂负载量过大，造成一定的聚集，因此脱硝率出现了下降。另外，根据脱硝功能复合滤料的制备原则，即用最小的负载量达到最大的脱硝率，选用多巴胺溶液的浓度为 2g/L 制备 MnO_2/PPS-PDA 复合滤料最为合适。因此，要对该复合滤料的结合强度和稳定性进行进一步的研究。

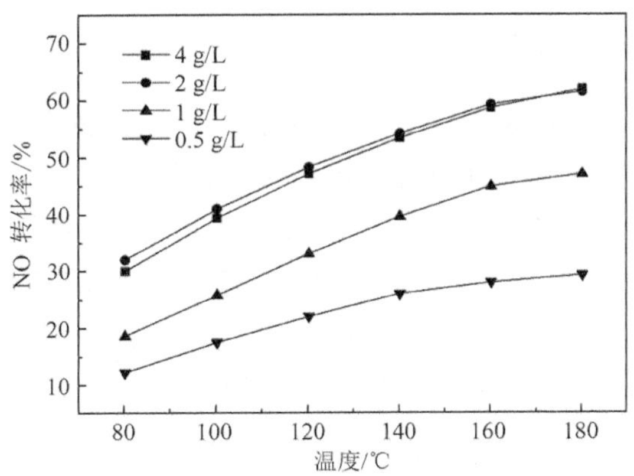

图 5-18　不同多巴胺浓度对 MnO_2/PPS-PDA 复合滤料脱硝率的影响

7. 结合强度测试

催化剂与 PPS 滤料间的结合力也是本书需要研究的重要内容。图 5-19 显示了 MnO_2/PPS-PDA 复合滤料在 2000mL/min 的强气流下负载量与时间的关系曲线，可以看出，复合滤料在测试时间内仅有微量的质量损失。这不仅证明了 MnO_2 催化剂与聚多巴胺之间结合牢固，还表明聚多巴胺层与 PPS 滤料之间的结合也非常牢固。

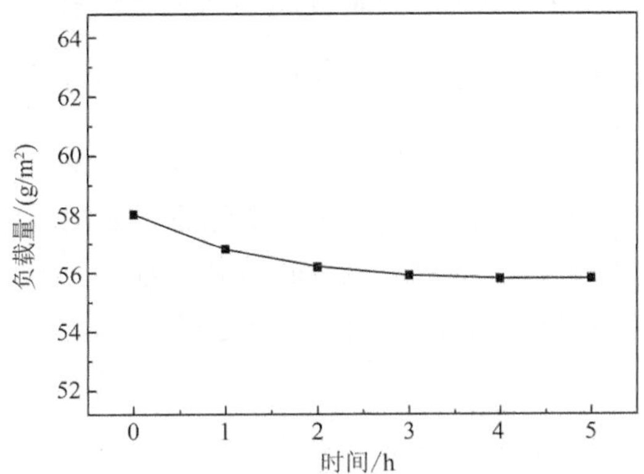

图 5-19　MnO_2/PPS-PDA 复合滤料的总负载量随时间的变化

8. 透气性能测试

图 5-20 显示 PPS-PDA 滤料和 MnO_2/ PPS-PDA 复合滤料的压降分别为 38Pa 和 42Pa，几乎与原始 PPS 滤料的压降(38Pa)相同，表明聚多巴胺层和 MnO_2 催化剂在 PPS 滤料内部没有发生聚集，几乎全是紧紧贴在 PPS 纤维表面。即便如此，复合滤料的脱硝率在 180℃时仍可达 62%，这暗示 MnO_2/ PPS-PDA 复合滤料表面存在一定的介孔结构，它们对反应气体的吸附和催化起着重要作用。

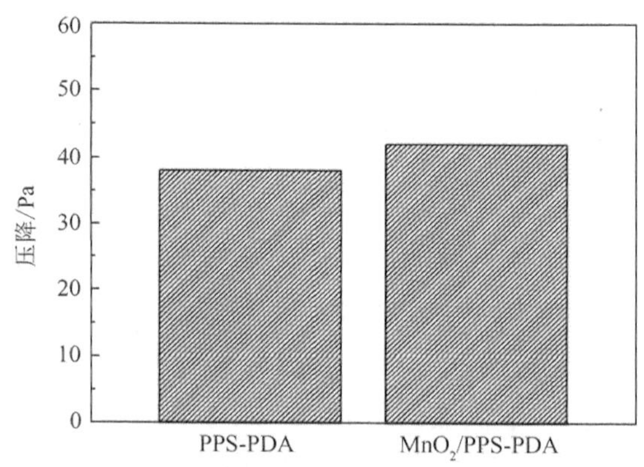

图 5-20　PPS-PDA 滤料和 MnO_2/PPS-PDA 复合滤料的压降柱状图

9. 催化稳定性能测试

在 160℃下，对 MnO_2/PPS-PDA 复合滤料的催化稳定性能进行了测试，其在 10h 内脱硝率随时间的变化曲线如图 5-21 所示。在开始 4h 内，活性有较大的降低，后面 6h 内脱硝率一直稳定在 54%左右，表明该复合滤料具有较好的催化稳定性能。

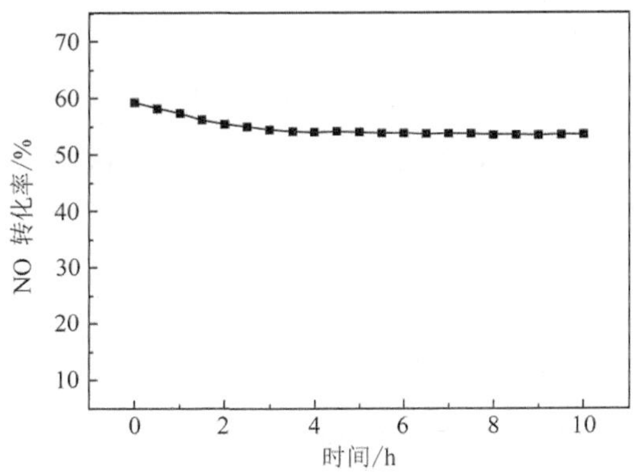

图 5-21　MnO_2/PPS-PDA 复合滤料在 160℃时的脱硝率随时间的变化

5.4　本 章 小 结

(1) 采用 2g/L 的多巴胺缓冲溶液对 PPS 滤料表面进行改性，制得 PPS-PDA 滤料。作为对比，还以 30%的硝酸溶液对 PPS 滤料进行酸化处理，制得 PPS-NA 滤料。通过 SEM、XPS、FTIR、TGA、拉伸强度测试等表征手段对改性滤料的结构和性能进行了研究。结果发现，PPS-PDA 纤维表面均匀地增加了一定厚度的聚多巴胺包覆层，它们富含酚羟基和含氮官能团，使原本惰性的 PPS 表面被活化，并为 PPS 滤料表面进一步负载 MnO_2 催化剂奠定了基础。 而经酸化改性的 PPS-NA 纤维表面变得非常粗糙，分子结构遭到破坏，并且滤料的力学性能和热稳定性能都明显降低，因此不建议对 PPS 滤料进行酸化改性。

(2) 研究了多巴胺溶液的反应时间和浓度对 PPS-PDA 滤料上聚多巴胺包覆层的影响。结果发现，增加反应时间可以增加聚多巴胺层的厚度和完整性，但当反应时间超过 18h 后，PPS 滤料表面已经完全包覆了一层聚多巴胺，反应进行 24h 后，聚多巴胺包覆层的厚度增长比较缓慢。另外，增加多巴胺溶液的浓度可以增加聚多巴胺包覆层的厚度。当多巴胺溶液浓度超过 2g/L 后，包覆层厚度的增长速度减缓，并且聚多巴胺的负载量逐渐达到饱和。

(3) 利用 PPS-PDA 滤料上聚多巴胺层与二价锰离子的螯合作用，以高锰酸钾为氧化剂，在 PPS-PDA 滤料表面原位生成 MnO_2 催化剂，制得 MnO_2/PPS-PDA 复合滤料。FESEM、EDS 及 XRD 结果显示 MnO_2 催化剂在复合滤料表面具有非常好的分散性和均匀性。脱硝活性实验测得该复合滤料在 180℃的脱硝率可达 62%，并且催化剂与滤料间结合牢固。透气性能测试和催化稳定性能测试发现该复合滤料的压降几乎与原始 PPS 滤料相同，其在 160℃运行 10h 后，脱硝率仍维持在 54%左右。

(4) 研究了多巴胺溶液浓度对 MnO_2/PPS-PDA 复合滤料上 MnO_2 催化剂负载量和脱硝性能的影响。结果发现，复合滤料上 MnO_2 催化剂的负载量及其脱硝率均随多巴胺溶液浓度的增加而增加，但当浓度达到 2g/L 后，催化剂负载量几乎不再增加，而复合滤料的脱硝率也开始出现下降。

通过控制反应条件，如反应时间、多巴胺溶液浓度等，可以制得不同聚多巴胺包覆层厚度、不同 MnO_2 负载量和脱硝性能的复合滤料。该法具有操作简单、对仪器设备要求低、反应条件温和、对基材种类和形状没有特殊要求和对环境无污染等优点，为 PPS 滤料的改性及脱硝功能化提供了新的思路和方法。

第 6 章　原位聚合法制备二氧化锰/聚吡咯@聚苯硫醚复合滤料

6.1　引　　言

在 PPS 滤料表面原位生成脱硝催化剂制备复合滤料的方法具有操作简单、催化剂与滤料结合牢固和脱硝活性高等优点，因而具有广阔的应用前景。但聚苯硫醚滤料化学性质稳定，表面非常光滑，这给在其上原位生成脱硝催化剂带来巨大困难。本章继续针对 MnO_2 催化剂在 PPS 滤料上的原位生成进行研究，寻找 MnO_2 催化剂和 PPS 滤料相结合的新方法，并同时达到较强的结合性能和较高的脱硝性能。

制备 MnO_2 催化剂的方法有很多种，如前驱体高温煅烧法、低温液相共沉淀法、水热法等[105, 163-168]。不同方法制得的 MnO_2 催化剂的晶型和形貌不一样，因而其脱硝活性也各不相同。水热法制备 MnO_2 催化剂可直接以高锰酸钾为锰源，反应过程无须煅烧，并且具有晶体分散性好和晶型容易控制等优点，因而受到广泛关注。Tian 等[105]采用水热法分别制备了 MnO_2 纳米管、纳米棒和纳米颗粒，并对它们的脱硝活性进行了研究，发现 MnO_2 纳米棒具有更高的脱硝活性，这与其具有较低的结晶度、更多的晶格氧、高的还原性和大量的强酸位点有关。与结晶型的 MnO_2 催化剂相比，无定形结构的 MnO_2 催化剂由于更有利于质子快速嵌入和脱嵌，因而具有更高的脱硝活性。

一般来说，提高 MnO_2 催化剂低温活性的方法是将其分散在载体表面上，利用其与载体间的相互作用来控制 MnO_2 晶体的生长，进而制得分散性好的无定形 MnO_2 催化剂。金属氧化物和碳材料是催化剂载体的常见材料，但以聚合物为载体材料的报道并不多见，而且对 MnO_2/聚合物复合材料的研究也大多集中在其导电性能上[169-171]。

聚吡咯(PPy)是一种空气稳定性好、无毒、成膜性好的聚合物。MnO_2/PPy 复合材料是电极材料的研究热点，其中以高锰酸钾为氧化剂通过一步法制备 MnO_2/PPy 复合材料因具有工艺简单、成本低等优点而被广泛关注[172]。其反应方程式如下：

$$\text{吡咯} + KMnO_4 \longrightarrow [\text{PPy}]_n + MnO_2$$

最近，Wang 等[173]通过原位聚合法制备了二氧化锰/聚吡咯@碳纤维三元复合材料，扫描电镜观察发现 MnO_2/PPy 均匀地包覆在氧化石墨毡纤维表面，并且具有牢固的结合性能。但还未见用原位聚合法在 PPS 滤料表面包覆 MnO_2/PPy 复合材料并对其脱硝性能进行研究的报道。

本章制备脱硝功能聚苯硫醚复合滤料的过程如图 6-1 所示，首先利用 π-π 共轭效应，将吡咯单体均匀吸附在 PPS 纤维表面，然后通过高锰酸钾溶液将纤维表面吸附的吡咯单体原位聚合成聚吡咯纳米包覆层，同时高锰酸钾被还原成 MnO_2 催化剂，并插入聚吡咯基体中。通过原位生成的 MnO_2/PPy 复合材料与聚苯硫醚滤料间有很强的黏

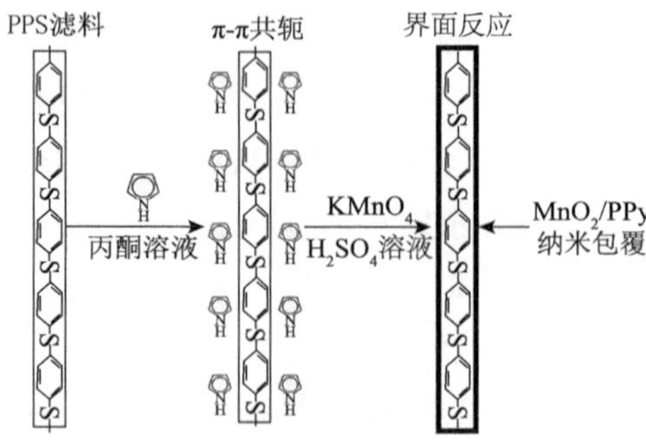

图 6-1　MnO_2/PPy@PPS 复合滤料的合成示意图

结性，使得催化剂和滤料能牢固地结合在一起。通过 XPS、SEM、EDS、TEM、FTIR、XRD、TGA 和脱硝活性测试等表征手段对该脱硝功能聚苯硫醚复合滤料的结构和性能进行了详细的研究，并在最后考察了高锰酸钾溶液浓度和硫酸浓度对复合滤料结构和性能的影响。

6.2　二氧化锰/聚吡咯@聚苯硫醚复合滤料的制备

该脱硝功能复合滤料的制备方法与文献[172]和文献[173]类似，具体方法如下：将洗净后的 PPS 滤料浸入 0.3 mol/L 的吡咯丙酮溶液中，浸渍 6h 后，将其取出并在室温下晾置 0.5h。随后，将吸附了吡咯单体的 PPS 滤料浸入 0.05 mol/L 的酸性高锰酸钾水溶液中(硫酸酸化，除特别说明外，硫酸浓度均为 1 mol/L)，在 100kHz 超声器中反应 0.5h。最后，将其取出，用去离子水和无水乙醇洗涤多次，直至洗涤液颜色变澄清。将制得的成品在 110℃的烘箱中干燥至恒重，即得二氧化锰/聚吡咯包覆的聚苯硫醚复合滤料，并以 MnO_2/PPy@PPS 表示。复合滤料的负载量以每平方米 PPS 滤料负载的 MnO_2/PPy 复合材料的质量计算。

6.3　原位聚合法制备二氧化锰/聚吡咯@聚苯硫醚复合滤料的性能

6.3.1 表面形貌及成分分析

图 6-2 为原始 PPS 滤料和 MnO_2/PPy@PPS 复合滤料在同一背景色和日光下拍摄的数码照片。与原始 PPS 滤料相比，MnO_2/PPy@PPS 复合滤料的表面呈深棕色，且颜色均一，初步断定 MnO_2/PPy 复合材料成功地包覆在 PPS 滤料纤维表面上，并且测得复合滤料的负载量为 44g/m^2。

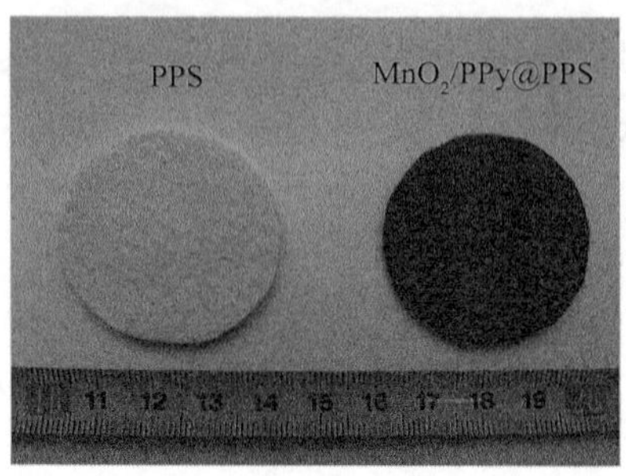

图 6-2　PPS 滤料和 MnO_2/PPy@PPS 复合滤料的数码照片

XPS 分析用以表明 MnO_2/PPy@PPS 复合滤料表面所含元素的成分及价态，其结果如图 6-3 所示。从图中可以看到 Mn、C、O 等元素峰，而 N 和 S 元素的峰几乎消失，这是由于它们被锰氧化物包覆，这证明 MnO_2/PPy 复合材料对 PPS 纤维的包覆效果很好。另外，图 6-3 的插图中显示了 Mn 2p 区域的放大谱图，可以看到在 653.9eV（Mn $2p_{1/2}$）和 642.2eV（Mn $2p_{3/2}$）的位置分别出现了两个能谱峰，它们的能隙差为 11.7eV，这与文献报道的 MnO_2 的数据一致。

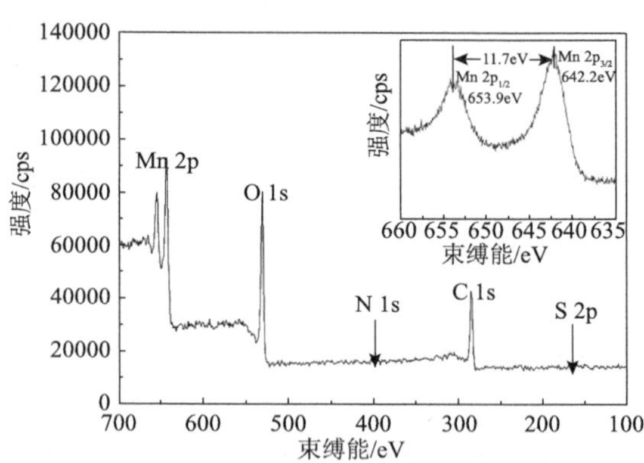

图 6-3　MnO_2/PPy@PPS 复合滤料的 XPS 全谱图（插图为 Mn 2p 区域的放大谱图）

图 6-4 显示了 PPS 滤料包覆 MnO_2/PPy 复合材料前后的 FESEM 对比图片。从图中可以看出，原始 PPS 滤料表面很光滑，在高倍 FESEM

图片下甚至可以看到Au颗粒[图6-4(b)]。而对于MnO_2/PPy@PPS复合滤料[图6-3(c，d)]，在其低倍FESEM图片上明显可以看到每根纤维表面都增加了一层很薄的包覆物，虽然在极少数区域内出现了剥落，但整体的包覆情况还是很均匀的，这与其在数码照片上观察到的一致；高倍FESEM图片显示这些包覆物由许多棒状的纳米颗粒组成，它们的长度大多在100nm以下，有少数聚集成颗粒较大的粒子。根据XPS的分析结果，推断这些纳米颗粒是MnO_2催化剂。

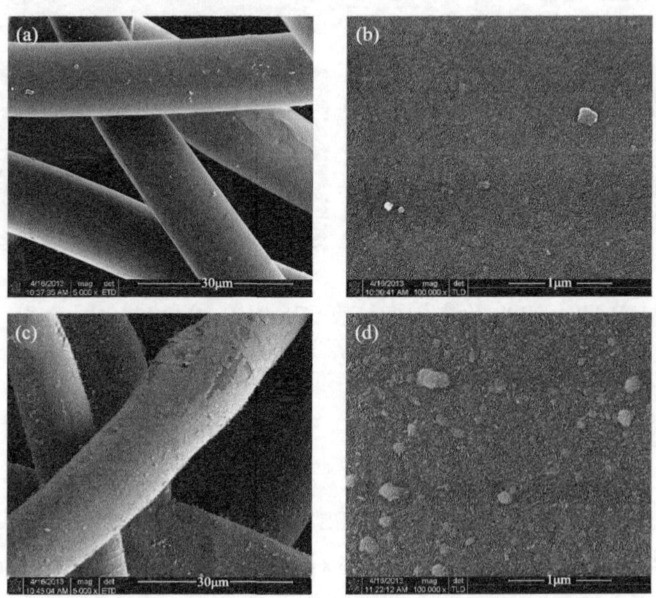

图 6-4　PPS 滤料(a，b)和MnO_2/PPy@PPS 复合滤料(c，d)的 FESEM 图像

为了验证MnO_2催化剂在PPS滤料纤维表面的分散性，对MnO_2/PPy@PPS滤料的单根纤维表面进行了EDS分析，结果如图6-5所示。由于EDS无法给出N元素的谱图，因此无法确定PPy的含量及分布状况[162]。但从图6-5中可以看出，MnO_2/PPy@PPS纤维表面含有Mn、S、O和C四种元素，其质量分数分别为13.84%，20.44%，10.23%和55.49%，同时这四种元素在纤维表面分布都很均匀。综上

所述，可以断定 MnO_2/PPy@PPS 纤维表面包覆的物质确实为 MnO_2 催化剂，并且在纤维表面分散性很好，可为催化反应提供更多的活性位点，进而增强了 MnO_2/PPy@PPS 复合滤料的脱硝活性。

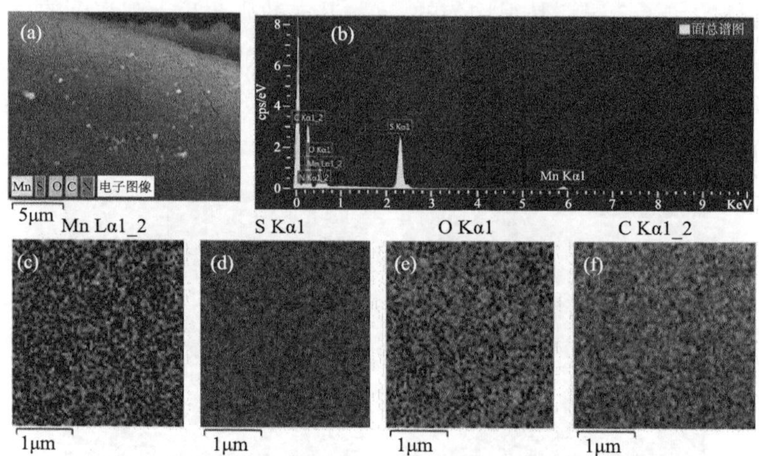

图 6-5 MnO_2/PPy@PPS 纤维表面(a)的 EDS 谱图(b)和 Mn(c)、S(d)、O(e)及 C(f)元素分布谱图

6.3.2 透射电镜分析

为进一步研究 MnO_2/PPy@PPS 复合滤料纤维表面在纳米尺寸上的形貌结构，采用透射电子显微镜对其进行分析，结果如图 6-6 所示。由图可以看到，PPS 纤维表面布满了一层形状无规则的物质，由 XPS 和 FESEM 分析结果可知，该物质为 MnO_2 颗粒。另外，在 TEM 图中并未观察到较大的 MnO_2 颗粒聚集体，这应该是由于 MnO_2 催化剂是和聚吡咯同时生成，并被插入 PPy 基体中，因而其在纤维表面的分散性很好。从纤维的边界面还可发现 MnO_2/PPy 包覆层的厚度均在 100nm 以下，并且它们与纤维紧紧黏结在一起。通过 TEM 可以发现 PPy 对 MnO_2 催化剂可以起到黏结和分散的作用。

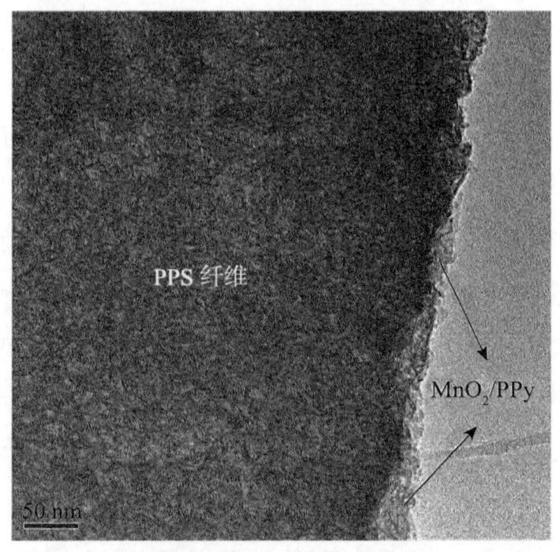

图 6-6　MnO_2/PPy@PPS 纤维表面的高倍 TEM 图像

6.3.3 X 射线衍射分析

图 6-7 为 PPS 滤料和 MnO_2/PPy@PPS 复合滤料的 XRD 谱图。从图中可以看出，MnO_2/PPy@PPS 复合滤料的 XRD 谱图仅出现了 PPS 纤维的衍射峰，并且它们的强度由于受到表面 MnO_2/PPy 包覆层的影响而减弱。因此，可以推断 MnO_2/PPy 复合材料中的 MnO_2 颗粒呈无定形结构。

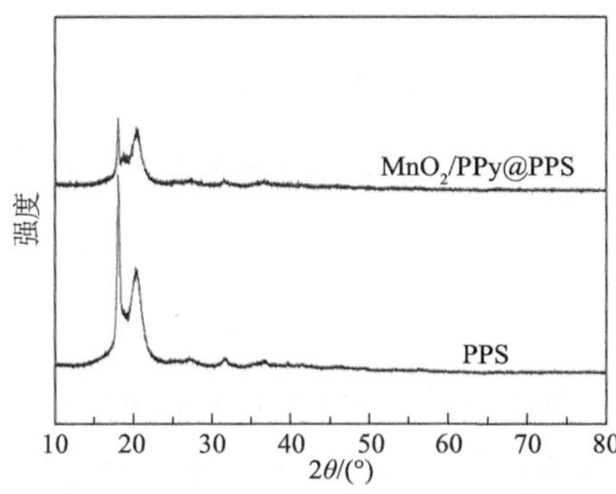

图 6-7　PPS 滤料和 MnO_2/PPy@PPS 复合滤料的 XRD 谱图

6.3.4 红外光谱分析

原始 PPS 滤料及 MnO_2/PPy@PPS 复合滤料的红外光谱图如图 6-8 所示。与原始 PPS 滤料相比，MnO_2/PPy@PPS 复合滤料在 3422cm^{-1}、1543cm^{-1}、1512cm^{-1} 和 1422cm^{-1} 处新增了四个吸收峰。其中，在 3422cm^{-1} 附近的宽吸收峰来源于吡咯环上 N—H 的伸缩振动，1543cm^{-1}、1512cm^{-1} 和 1422cm^{-1} 处的吸收峰对应于吡咯环的骨架振动。李亮等[170]发现聚吡咯的结构与其是否复合 MnO_2 没有关系，因此可以断定 MnO_2/PPy@PPS 复合滤料表面包覆的物质中包含聚吡咯。此外，在 MnO_2/PPy@PPS 复合滤料的红外光谱图中还可以发现，PPS 的结构峰出现了一些微小变化，但并不明显，这说明酸性高锰酸钾溶液对 PPS 滤料的结构影响较小，与 PPS 滤料具有强的耐腐蚀性一致。

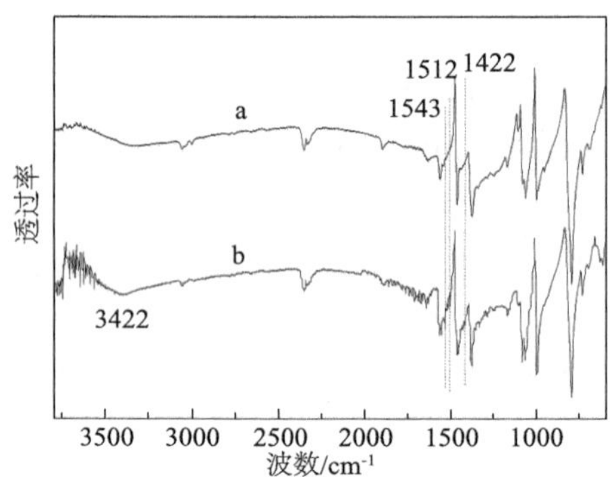

图 6-8 PPS 滤料(a)和 MnO_2/PPy/PPS 复合滤料(b)的红外光谱图

6.3.5 热重分析

图 6-9 显示了 PPS 滤料和 MnO_2/PPy@PPS 复合滤料在空气气氛下的热重分析曲线图。可以看出，两者的热重分析曲线仅在高温区域略有不同，这可能是由于 PPS 滤料在经过酸性高锰酸钾处理后，

结构上发生了一些微小的变化。在 450℃以下，MnO_2/PPy@PPS 复合滤料的质量几乎没有损失，这表明该复合滤料的热稳定性能很好，因而可在低温脱硝催化反应中长期使用。

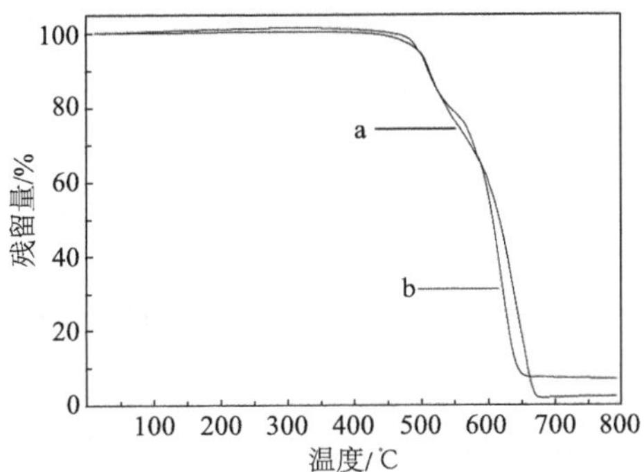

图 6-9　PPS 滤料(a)和 MnO_2/PPy@PPS 复合滤料(b)在空气气氛下的热重分析曲线

6.3.6 拉伸强度分析

图 6-10 为 PPS 滤料和 MnO_2/PPy@PPS 复合滤料的横向和纵向拉伸强度柱状图。相比于原始 PPS 滤料的拉伸强度，经 MnO_2/PPy 包覆后的 PPS 滤料的横向及纵向拉伸强度都出现了一定的增加。由此

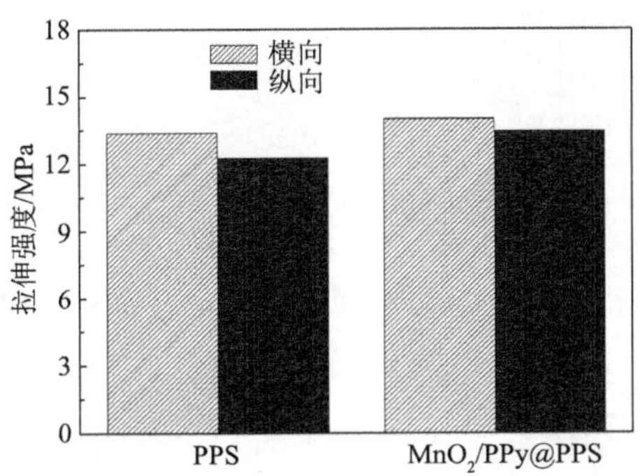

图 6-10　PPS 滤料和 MnO_2/PPy@PPS 复合滤料的拉伸强度柱状图

可知，酸性高锰酸钾溶液对 PPS 纤维的主链结构并未产生破坏。复合滤料拉伸性能的提高可能来源于两个方面，一方面是 MnO_2/PPy 复合物的包覆作用；另一方面是复合滤料在制备过程中经过超声处理后，结构变得更加致密，纤维间的相互缠绕作用增强，所以两方面的共同作用使得复合滤料的拉伸强度得到了相应的增加。

6.3.7 脱硝活性测试

图 6-11 显示了 MnO_2/PPy@PPS 复合滤料脱硝率随温度的变化情况。可以看出，复合滤料的脱硝率随温度的升高而逐渐增加，其在 80℃时的脱硝率就可达 34%，当温度达到 180℃时，脱硝率高达 80%。从前面的分析结果可知，原位聚合法制备的脱硝功能复合滤料中 PPS 纤维表面几乎全部被 MnO_2 催化剂包覆，并且催化剂活性位点分布均匀，颗粒间结合紧密，空隙很小，因此非常有利于反应气体的吸附和催化，因而脱硝活性很高。

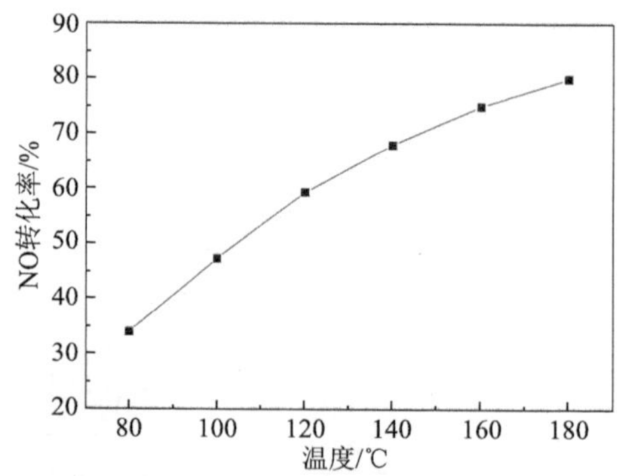

图 6-11　MnO_2/PPy@PPS 复合滤料的脱硝活性

6.3.8 结合强度测试

催化剂与 PPS 滤料间的结合力关系到复合滤料工业化应用的前

景。图 6-12 显示了 MnO_2/PPy@PPS 复合滤料在 2000mL/min 的强气流下负载量与时间的关系曲线，由图可以看出复合滤料在测试时间内完全没有质量损失。另外，复合滤料是在超声条件下制备得到的，FESEM 结果并未观察到 MnO_2/PPy 包覆层有严重脱落现象，这也表明其与 PPS 滤料间的结合非常牢固。众所周知，PPy 具有很好的成膜性，在原位聚合过程中，由于吸附在纤维表面的吡咯单体不溶于酸性高锰酸钾水溶液，因此它们是在贴近纤维的界面进行聚合反应，所以形成的聚吡咯能完整地包覆在 PPS 纤维表面。MnO_2 催化剂是在聚吡咯形成的过程中同时生成的，并插入在 PPy 基体中，因而也不易脱落。

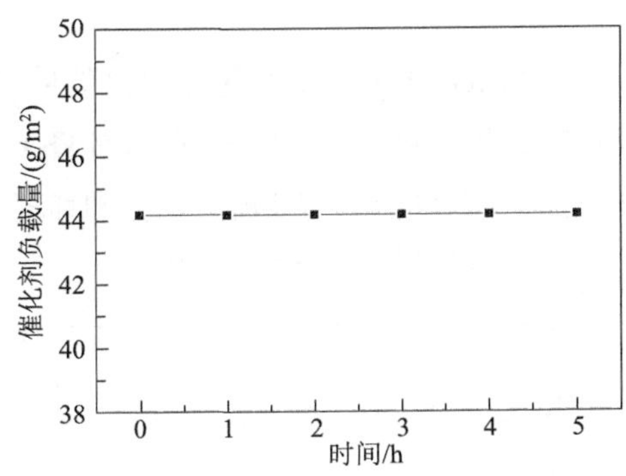

图 6-12　MnO_2/PPy@PPS 复合滤料的负载量随时间的变化

6.3.9 透气性能测试

由图 6-13 可以看出，相对于原始 PPS 滤料，MnO_2/PPy@PPS 复合滤料的压降略有上升，为 45Pa，表明 PPS 滤料经 MnO_2/PPy 复合材料包覆后，没有出现堵塞现象，这与其 FESEM 图一致。另外，复合滤料压降出现轻微上升也可能是由于在超声作用下其纤维结构出现一些变化，从而对气体流通性造成一定影响。

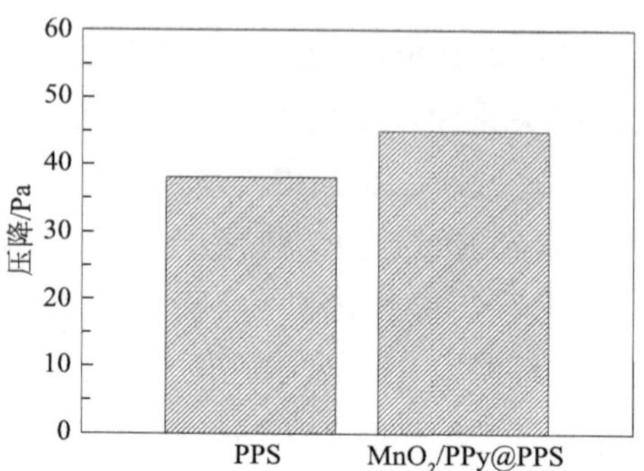

图 6-13　PPS 滤料和 MnO_2/PPy@PPS 复合滤料的压降柱状图

6.3.10 催化稳定性能测试

在 160℃下，对 MnO_2/PPy@PPS 复合滤料的催化稳定性能进行了测试，其在 10h 内脱硝率随时间的变化曲线如图 6-14 所示。可以发现，复合滤料在整个测试时间内的脱硝率一直维持在 75%左右，揭示了该复合滤料具有很好的催化稳定性能。

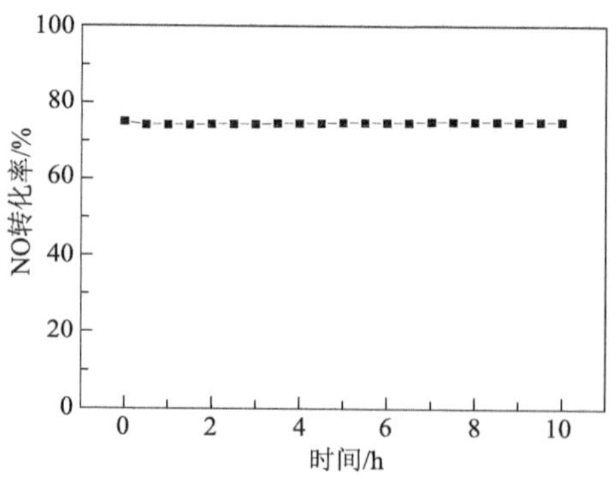

图 6-14　MnO_2/PPy@PPS 复合滤料在 160℃时的脱硝率随时间的变化

6.3.11 高锰酸钾浓度对复合滤料结构和性能的影响

综上所述，原位聚合法制备的 MnO_2/PPy@PPS 脱硝功能复合滤料具有较高的脱硝活性和较好的结合强度，因此有必要对其反应条件进行进一步的探索，以提高 MnO_2/PPy@PPS 复合滤料的脱硝活性。图 6-15 为 MnO_2/PPy@PPS 复合滤料的催化剂负载量和脱硝率(温度为 160℃)随高锰酸钾溶液浓度的变化情况(硫酸浓度为 1mol/L)。从中可以看出，复合滤料的催化剂负载量随着 $KMnO_4$ 浓度的增加而增加，但脱硝率却在高锰酸钾浓度为 0.05mol/L 时达到最大值。

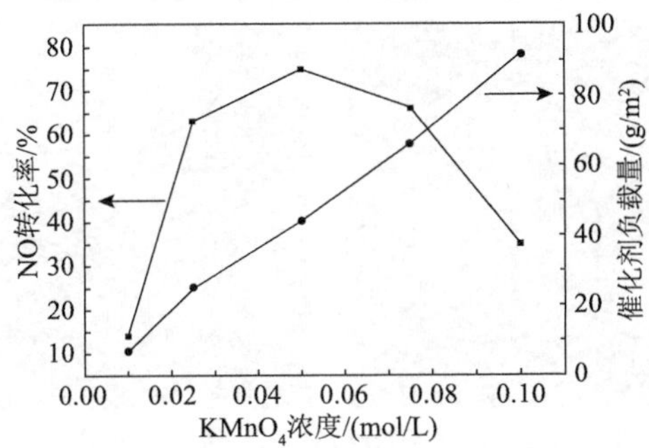

图 6-15　MnO_2/PPy@PPS 复合滤料的催化剂负载量和脱硝率(160℃)随高锰酸钾溶液浓度的变化情况(硫酸浓度为 1mol/L)

高锰酸钾溶液浓度分别为 0.025mol/L 和 0.1mol/L 时制备的 MnO_2/PPy@PPS 复合滤料的 FESEM 图像如图 6-16 所示(硫酸浓度为 1 mol/L)。从图中可以看出，当高锰酸钾溶液的浓度低于 0.05 mol/L 时，由于负载量也较低，因此 PPS 纤维表面包覆得不是很完整[图 6-16(a)]，很多地方没有负载上 MnO_2/PPy 复合材料，所以脱硝率比较低；当高锰酸钾溶液浓度大于 0.05mol/L 时，纤维表面出现了一层厚厚的包覆层[图 6-16(c)]，PPS 纤维出现裂痕，这可能是由于溶液氧化性太强，破坏了 PPS 纤维的结构。另外，在高倍 FESEM 图像下还可看到不同高锰酸钾溶液制备的 MnO_2 催化剂的形貌不一样；当浓度较低时，MnO_2 催化剂呈短纳米棒状；而当浓度较高时，MnO_2 催化剂团聚在一起形成大的颗粒状。由脱硝活性测试结果可知，MnO_2 催化剂的形貌对复合滤料的脱硝性能有重要影响。

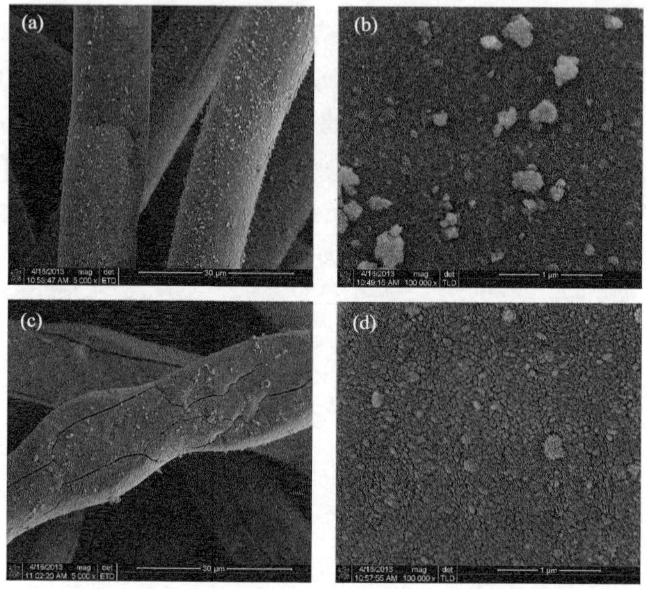

图 6-16　低浓度的 $KMnO_4$ 溶液(0.025mol/L，a，b)和高浓度的 $KMnO_4$ 溶液(0.1mol/L，c，d)制备的 MnO_2/PPy@PPS 复合滤料的 FESEM 图像(硫酸浓度为 1mol/L)

6.3.12 硫酸浓度对复合滤料结构和性能的影响

图 6-17 显示了 MnO_2/PPy@PPS 复合滤料的催化剂负载量和脱硝率(温度为 160℃)随硫酸浓度的变化情况(高锰酸钾浓度为 0.05mol/L)。从中可以看出，当反应体系中不加入硫酸时，复合滤料的催化剂负载量很低，脱硝效果不足 20%，这表明硫酸对形成 MnO_2 催化剂起着重要作用。随着硫酸浓度从 0.1mol/L 增加到 3mol/L，复合滤料的催化剂负载量均维持在 44g/m^2 左右，而其脱硝率却逐渐增加。最高可达 94%(硫酸浓度为 3 mol/L)。

图 6-18 显示了硫酸浓度分别为 0.1mol/L、2mol/L 和 3mol/L 时制备的 MnO_2/PPy@PPS 复合滤料的 FESEM 图。从图中可以看出，当硫酸浓度为 0.1mol/L 时，MnO_2/PPy 包覆层比较光滑，且 MnO_2 在纤

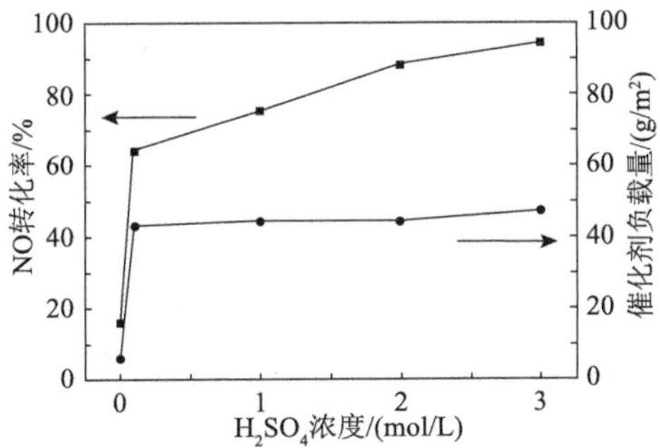

图 6-17　MnO_2/PPy@PPS 复合滤料上催化剂负载量和脱硝率（160℃）随硫酸浓度的变化情况（高锰酸钾浓度为 0.05mol/L）

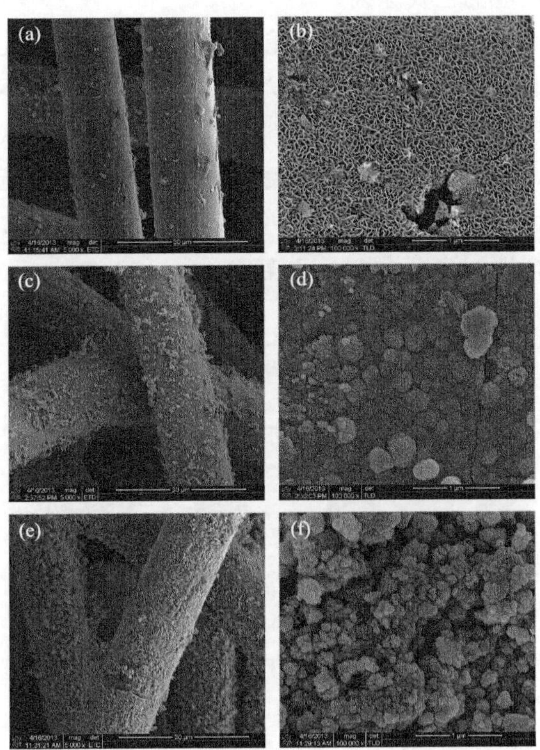

图 6-18　不同硫酸浓度制备的 MnO_2/PPy@PPS 复合滤料的 FESEM 图像（高锰酸钾溶液浓度为 0.05mol/L）

(a)，(b) 0.1mol/L；(c)，(d) 2mol/L；(e)，(f) 3mol/L

维表面呈纳米丝状结构；而当硫酸浓度为 2mol/L 时，MnO_2/PPy 包覆层变得粗糙，在 PPS 纤维表面出现了许多聚集粒子，并且 MnO_2 催化剂呈纳米花状结构。当硫酸浓度进一步增大到 3mol/L 时，MnO_2/PPy 包覆层呈现出奇特的网状结构，并且它们仍均匀地包覆在 PPS 纤维表面。高倍 FESEM 观察发现，这种网状结构是由很小的纳米颗粒连接而成的，由于这些网状结构可以产生许多介孔吸附特征，因而该复合滤料具有较高的脱硝效果。由此可以断定，MnO_2 催化剂的形貌及其在纤维表面的堆积结构是影响不同反应条件下制备的复合滤料脱硝性能的主要原因。

PPS 滤料虽然具有很强的耐酸碱腐蚀性，但在强氧化剂的作用下也会发生氧化反应，进而影响其力学性能。为此，对不同硫酸浓度制备的 MnO_2/PPy@PPS 复合滤料的拉伸强度进行测试，其结果如图 6-19 所示。可以发现，随着硫酸浓度的增加，复合滤料的拉伸强度逐渐降低，这表明在高浓度酸性高锰酸钾溶液中，PPS 滤料易被氧化，因此选择硫酸浓度为 1mol/L 较合适。

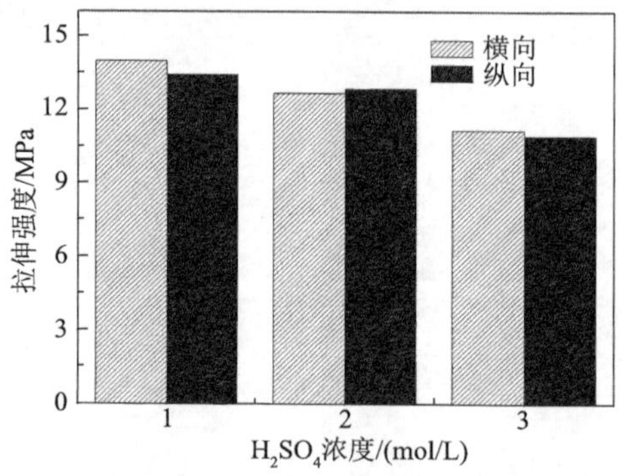

图 6-19　不同硫酸浓度制备的 MnO_2/PPy@PPS 复合滤料的拉伸强度柱状图

6.4 本章小结

(1) 采用原位聚合法制得 MnO_2/PPy@PPS 脱硝功能复合滤料。研究发现复合材料的表面被一层纳米棒状的 MnO_2 催化剂包覆，长度在 100nm 以下，并且在 PPS 纤维表面分散均匀，可为催化反应提供更多的活性位点，进而增强 MnO_2/PPy@PPS 复合滤料的脱硝活性。

(2) MnO_2 催化剂是在聚吡咯的原位聚合过程中同时生成的，并被插入 PPy 基体中，PPy 对 MnO_2 催化剂起黏结和分散作用。另外，MnO_2/PPy 复合材料在纤维表面的包覆层厚度小于 100nm，且呈无定形结构。

(3) 红外光谱分析证实了 PPy 的存在，并且发现酸性高锰酸钾溶液使 PPS 纤维的结构出现了一些微小的改变，但复合滤料的热稳定性能和拉伸性能都保持得很好。

(4) 复合滤料的脱硝性能测试显示其在 80℃时的脱硝率就可达 34%，当温度达到 180℃时，脱硝率高达 80%。另外，该复合滤料的牢固性能、透气性能及催化稳定性能均非常优异。

(5) 考察了高锰酸钾溶液浓度和硫酸浓度对复合滤料结构和性能的影响。结果发现，复合滤料的催化剂负载量随着高锰酸钾溶液浓度的增加而增加，但脱硝率在 0.05mol/L 时达到最大值，这主要与 MnO_2/PPy 复合材料在纤维表面的包覆情况和 MnO_2 催化剂的形貌有关。

另外，硫酸的浓度对制备的复合滤料的脱硝率和催化剂负载量也有很大影响，当反应条件中没有硫酸时，复合滤料的催化剂负载量和脱硝率都很低。在添加硫酸后，复合滤料的催化剂负载量与硫酸的浓度无关，且一直保持在 44g/m^2 左右；但脱硝率随着硫酸浓度的升高而逐渐增加，在 160℃时，最高可达 94%。拉伸强度测试显示在高浓度酸性高锰酸钾溶液中，PPS 滤料的拉伸强度出现下降，因此选择硫酸浓度为 1mol/L 较为合适。

第 7 章　表面溶胶-凝胶法制备 TiO_2 包裹的脱硝功能复合滤料

7.1　引　　言

滤料的主要用途是过滤烟气中的粉尘，因此脱硝功能复合滤料在实际应用中不可避免地要遭受微细颗粒物的摩擦，所以在保证脱硝催化剂于复合滤料上具有一定结合强度外，还需要对其进行保护，以防止催化剂活性位点受到粉尘的影响而逐渐失活[174]。通过在脱硝功能复合滤料纤维表面设计一层保护膜，不仅可以解决上述问题，还能使催化剂与滤料结合得更加牢固。然而，催化剂的活性位点也容易被保护层所包裹而无法接触反应气体(如第 4 章使用的聚偏氟乙烯)，使复合滤料的脱硝率大大降低，因此给这一研究方向留下巨大的难题。

二氧化钛(TiO_2)具有化学性质稳定、无毒无污染、比表面积大、廉价易得等诸多优点，已成为催化剂载体领域研究的热点[8, 48, 110, 175, 176]。大量的研究表明催化剂负载在 TiO_2 载体上可以增强脱硝活性和抗硫效果。制备 TiO_2 载体的方法有许多种。在这些制备方法中，表面溶胶-凝胶法由于具有操作简单、形貌及尺寸可控、适用面广等优点而引起了人们的广泛关注并被应用于各个领域[177]。最近，Huang 等[178-182]以钛酸四丁酯为前驱体，通过一种改性的表面溶胶-凝胶法在一系列天然纤维素材料(如纱布、滤纸、棉花等)表面均匀地包裹了一层 TiO_2 凝胶膜，并以其为模板制备了二氧化钛纳米管材料。与普通的溶胶-凝胶法相比，表面溶胶-凝胶法可在纳米层次上精确复制材料的微观结构，因而具有更广泛的研究前景。

本章首先通过液相共沉淀的方法制得无定形的二氧化锰催化剂，然后通过超声的方法将其负载在 PPS 滤料纤维上，初步制得脱硝功能复合滤料。最后以钛酸四丁酯为前体物，采用表面溶胶-凝胶法在上述复合滤料表面均匀地包裹一定厚度的 TiO_2 凝胶膜。通过 SEM、EDS、XRD、XPS、TGA、脱硝活性测试及瞬态响应对包裹 TiO_2 前后的复合滤料结构和性能进行了详细研究和对比，结果表明与未包裹 TiO_2 凝胶膜的脱硝功能复合滤料相比，具有 TiO_2 包覆层的脱硝功能复合滤料具有更高的脱硝率和牢固性。

7.2　TiO_2 包裹的脱硝功能复合滤料的制备

7.2.1　无定形 MnO_2 催化剂的制备

无定形 MnO_2 催化剂由液相共沉淀方法制得，首先按如下要求配好三种溶液：

溶液 1：称取 0.03mol 醋酸锰溶于 200mL 蒸馏水中；

溶液 2：称取 1g 左右的聚乙二醇（PEG400）溶于 40 mL 蒸馏水中；

溶液 3：称取 0.02mol 高锰酸钾溶于 120mL 蒸馏水中。

将溶液 2 缓慢加到溶液 1 中，同时搅拌 4h，然后加入溶液 3，并强烈搅拌。室温条件下反应 8h 后，对混合溶液进行抽滤，除去聚乙二醇和杂质离子，最后用去离子水和乙醇洗涤数次，并放入 110℃干燥箱中进行干燥，即可制得无定形 MnO_2 催化剂。具体反应式如下：

$$3Mn^{2+} + 2Mn^{7+} \longrightarrow 5Mn^{4+}$$

$$Mn^{4+} + 2H_2O \longrightarrow MnO_2 + 4H^+$$

将制得的 MnO_2 催化剂研磨至粉末状，过筛备用。

7.2.2 TiO_2包裹的脱硝功能复合滤料

本实验分两个步骤制备 TiO_2 包裹的脱硝功能复合滤料。首先，将上述制得的 MnO_2 催化剂加入乙醇中，超声分散 0.5h，形成均匀的悬浮溶液，然后将 PPS 滤料浸入该悬浮溶液中，继续超声 0.5h，使 MnO_2 催化剂均匀地附着在滤料纤维表面，最后将滤料取出，在 110℃干燥，将该脱硝功能复合滤料记为 MnO_2/PPS。催化剂在滤料上的负载量按每平方米 PPS 滤料负载的 MnO_2 的质量计算，并可通过改变悬浮溶液的浓度来控制。

然后，将钛酸四丁酯溶于乙醇中，配制成 80mmol/L 的溶液，将 MnO_2 催化剂负载量为 $50g/m^2$ 的 MnO_2/PPS 复合滤料浸入该溶液中，静置 0.5h，使滤料表面充分吸附钛酸四丁酯，然后将其取出、室温干燥 1h，以除去溶剂，最后将其浸入足量的水中使钛酸四丁酯进行水解缩聚并发生交联，从而在复合滤料表面形成一层 TiO_2 凝胶膜[183, 184]；重复浸入吸附-水解缩聚步骤 3 次，使滤料中每根纤维表面都沉积一定厚度的 TiO_2 凝胶膜。并将该滤料记为 TiO_2@MnO_2/PPS。可以称得此时复合滤料的负载量增加到 $86g/m^2$。另外，TiO_2 凝胶膜的厚度可通过钛酸四丁酯乙醇溶液的浓度和浸入吸附-水解缩聚的操作次数来控制。

7.3 表面溶胶-凝胶法制备 TiO_2 包裹的脱硝功能复合滤料的性能

7.3.1 催化剂负载量对 MnO_2/PPS 脱硝率的影响

一般来说，催化剂的负载量越大，可提供的催化活性位点越多，脱硝率就越高。图 7-1 显示了 MnO_2/PPS 复合滤料在 160℃时的脱硝率随 MnO_2 催化剂的负载量的变化关系。当催化剂负载量低于 $50g/m^2$

时，复合滤料的脱硝率随负载量的增大而急剧增加。当负载量达到 50g/m^2 时，脱硝率已接近 90%。继续增加催化剂的负载量，MnO_2/PPS 复合滤料脱硝率的增长变得缓慢，这是因为滤料纤维表面已基本被 MnO_2 催化剂颗粒覆盖，可暴露的活性位点达到饱和，因此继续增加催化剂的负载量对复合滤料脱硝率的贡献不大。另外，滤料纤维表面的催化剂越多，就越容易造成聚集而从纤维表面脱落，而且对于 PPS 滤料来说，它的克重为 500g/m^2，过高的催化剂负载量将不利于其操作。制备脱硝功能复合滤料一般要求使用最小量的催化剂以达到最大的脱硝效果。因此，根据图 7-1 的结果，选用催化剂负载量为 50g/m^2 的 MnO_2/PPS 滤料作为研究对象，并对其进行 TiO_2 包覆处理。

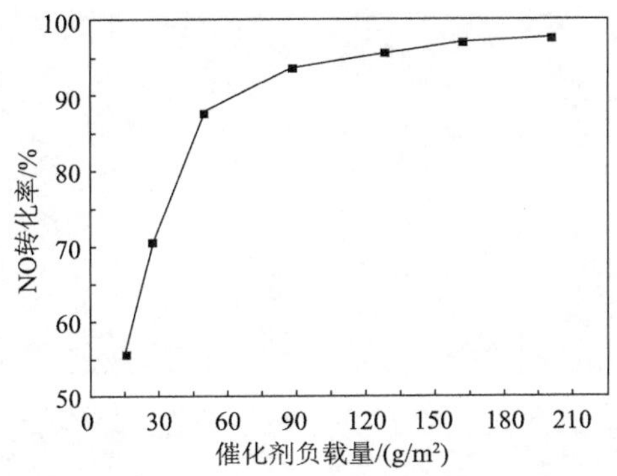

图 7-1　催化剂负载量对 MnO_2/PPS 脱硝率的影响(反应温度为 160℃)

7.3.2 扫描电镜分析

图 7-2 显示了 MnO_2/PPS、TiO_2@MnO_2/PPS 和 TiO_2@PPS 复合滤料的 ESEM 图片。如图 7-2(a)，(b)所示，超声负载 MnO_2 催化剂后，PPS 滤料纤维表面吸附了一层 MnO_2 颗粒，由于分散不均，因而在很多地方出现了聚集的大颗粒。众所周知，PPS 滤料纤维表面非常光滑且没有任何活性基团，在 MnO_2/PPS 复合滤料中，MnO_2 催化剂仅靠物理吸附作用与 PPS 滤料结合。因此，在使用过程中，

MnO_2催化剂很容易从纤维表面脱落下来。通过表面溶胶-凝胶法，我们在MnO_2/PPS复合滤料表面包裹了一层TiO_2凝胶膜，其结果如图7-2(c)，(d)所示。

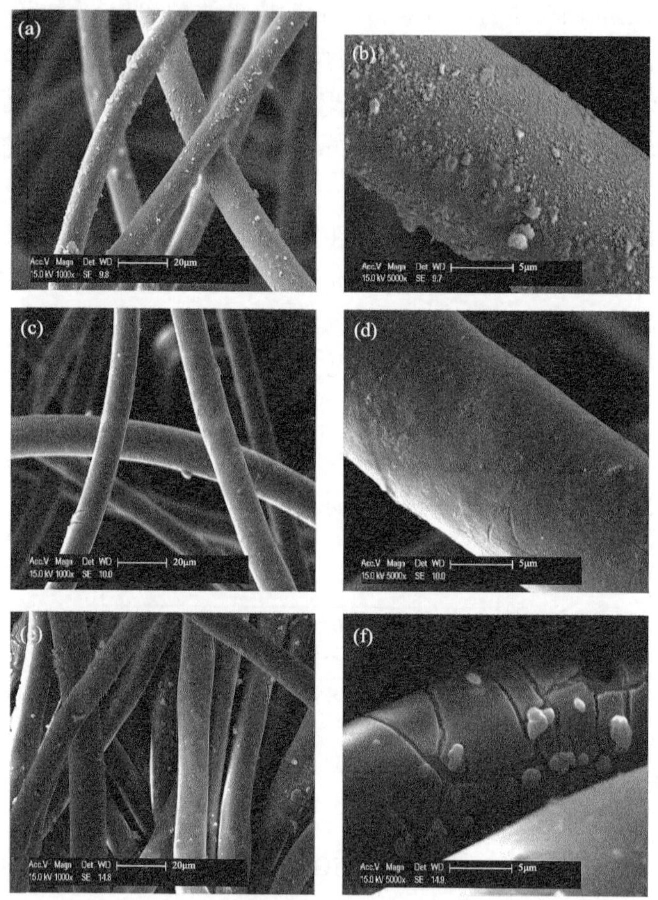

图7-2 MnO_2/PPS(a，b)、TiO_2@MnO_2/PPS(c，d)和TiO_2@PPS(e，f)复合滤料的ESEM图像

每根纤维表面都均匀包裹了一层膜状物质，可以证明这层膜状物质就是TiO_2，它们使纤维表面变得非常光滑，并且已经看不

到 MnO_2 催化剂颗粒。图 7-2(e)，(f) 显示了 TiO_2@PPS 复合滤料的 ESEM 图像。从图中可以看出，在没有 MnO_2 催化剂的情况下，TiO_2 凝胶层也能完全包裹住 PPS 纤维滤料。同时，也可发现有不少地方的包覆层不是很均匀。用低温液相法制备的 MnO_2 催化剂表面含有许多羟基基团和水分[169, 185]，这些基团和水分有利于钛酸四丁酯在 MnO_2 催化剂表面的吸附、水解和交联。所以，在 PPS 滤料表面均匀地附着一层 MnO_2 催化剂颗粒，更有利于形成连续致密的 TiO_2 凝胶膜。

图 7-3 显示了 TiO_2@MnO_2/PPS 纤维表面的高倍 FESEM 图像，从图中可以看出，在纤维表面形成的 TiO_2 凝胶膜是一层致密连续的结构。为证实该复合滤料纤维表面所含元素及成分，对其表面的凝胶膜进行 EDS 分析，结果如图 7-4 所示。图 7-4(b) 的 EDS 谱图证实了纤维表面包含 S、C、O、Ti 和 Mn 五种元素，并且其质量分数分别为 26.52%、66.10%、4.92%、1.80%和 0.66%，各元素的分布谱图表明纤维表面各组分分布很均匀。由于 TiO_2 在 PPS 滤料表面含量很低，因此可以推测 TiO_2 凝胶膜在 PPS 滤料表面包裹的厚度较薄。另外，Mn 元素的存在，证明了 MnO_2 催化剂被 TiO_2 凝胶膜包裹着。

图 7-3　TiO_2@MnO_2/PPS 纤维表面的 FESEM 图像

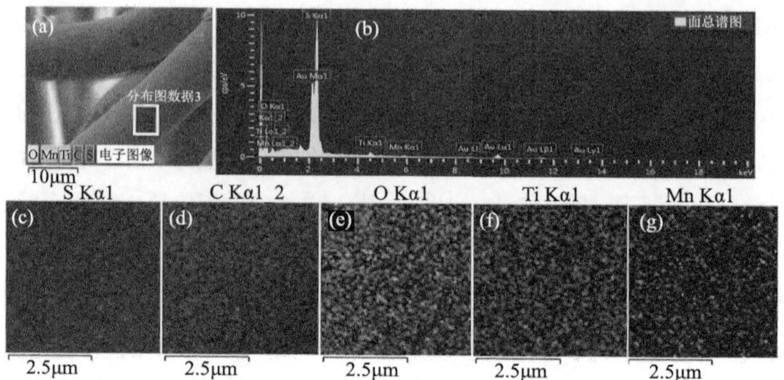

图 7-4 TiO_2@MnO_2/PPS 复合滤料中选择区域(a)内的 EDS 谱图(b)和 S(c)、C(d)、O(e)、Ti(f)及 Mn(g)元素分布谱图

7.3.3 不同操作条件对复合滤料包裹效果的影响

采用浓度分别为 240mmol/L，120mmol/L，60mmol/L 和 30mmol/L 的钛酸四丁酯乙醇溶液对 MnO_2/PPS 复合滤料进行 1 次、2 次、4 次和 8 次的包裹处理。通过称量法得知，制备的这四种 TiO_2@MnO_2/PPS 复合滤料上包裹的 TiO_2 凝胶膜的质量几乎是一致的，并且它们的微观形貌结构如图 7-5 所示。当钛酸四丁酯溶液浓度过大时，吸附在 PPS 滤料表面的钛酸四丁酯分布不均匀，且包裹次数为 1 次，更容易导致某些地方不容易被包裹住，而另一些地方团聚情况比较严重而脱落[图 7-5(a)]。降低钛酸四丁酯的浓度，分两次包裹，其结果如图 7-5(b)所示。TiO_2 的包裹效果明显提高，但还是有不少地方出现了团聚现象，并脱落下来。当进一步降低钛酸四丁酯溶液的浓度，并分多次进行包裹时，结果如图 7-5(c)，(d)所示。纤维基本上已被 TiO_2 凝胶膜包裹，只是少数地方出现包裹不均匀或剥离的现象，这可能是由于钛酸四丁酯浓度过低，不容易在纤维表面形成连续的凝胶层，且浓度越低，每次包裹的凝胶层的厚度就越薄，造成凝胶层薄片的张力越大，越容易从表面剥离。因此，综合考虑，选择钛酸

四丁酯溶液的浓度为 80mmol/L，包裹次数为 3 次效果最好。

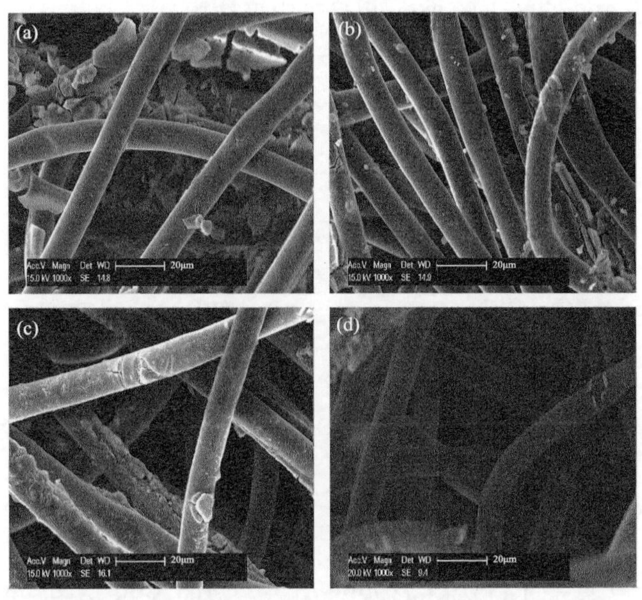

图 7-5 不同操作条件下制备的 TiO_2@MnO_2/PPS 复合滤料的 ESEM 图像
(a) 240mmol/L 钛酸四丁酯乙醇溶液包裹 1 次；(b) 120mmol/L 钛酸四丁酯乙醇溶液包裹 2 次；(c) 60mmol/L 钛酸四丁酯乙醇溶液包裹 4 次；(d) 30mmol/L 钛酸四丁酯乙醇溶液包裹 8 次

7.3.4 X 射线衍射分析

图 7-6 为 MnO_2、PPS、TiO_2@PPS、MnO_2/PPS 和 TiO_2@MnO_2/PPS 的 XRD 谱图。如图 7-6 所示，由液相共沉淀法制备的 MnO_2 催化剂仅在 37.5°处有一个很弱的宽峰，对照 PDF 卡片(44-0141)可知，该峰为 MnO_2 的特征峰，同时也显示了 MnO_2 催化剂为无定形结构。由于 PPS 是刚性分子链，很容易堆积形成结晶区域，因此，在 PPS 滤料的 XRD 谱图中，可以看到两个较强的特征峰和一些较小的、弱的特征峰。而对于 TiO_2@PPS、MnO_2/PPS 和 TiO_2@MnO_2/PPS 复合滤料来说，它们的特征峰与 PPS 滤料基本一致，除受到包覆层影响 PPS

的特征峰逐渐减弱外，并未观察到复合滤料形成新的特征峰。因此，可以推断 PPS 滤料上的 TiO_2 也呈无定形结构。

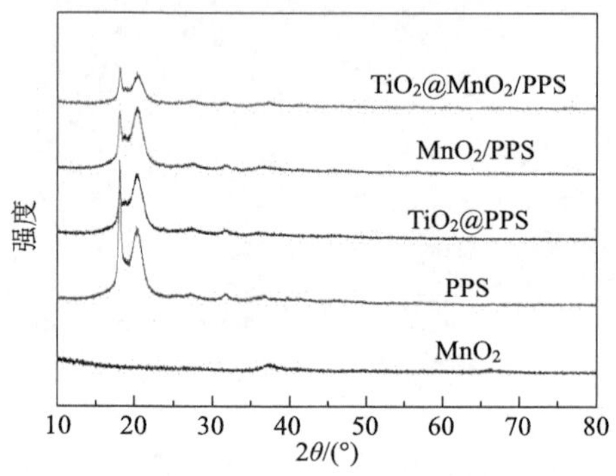

图 7-6　MnO_2、PPS、TiO_2@PPS、MnO_2/PPS 和 TiO_2@MnO_2/PPS 的 XRD 谱图

7.3.5　X 射线光电子能谱分析

图 7-7 显示 TiO_2@MnO_2/PPS 复合滤料的 XPS 谱图。图 7-7(a)是复合滤料的 XPS 全谱，从图中可以看到 Mn、O、Ti、C、S 等元素峰，并且在复合滤料表面的原子分数分别为 1.78at%、29.92at%、9.17at%、53.1at%和 6.03at%。可以看出 Mn 元素在复合滤料表面的含量非常低，由此可以推断大部分的锰氧化物均被 TiO_2 包裹。这与其表面含有许多羟基基团和结合水有关。另外，仍有大部分 C 和 S 元素可被检测到，这可能是由于有部分表面未被 TiO_2 凝胶层包裹或者包裹的厚度太薄。图 7-7(b)为 Mn 2p 的 XPS 能谱，由图可知，Mn 2p 轨道的能级裂分为 654.3eV 和 642.6eV 两个峰，它们分别代表 Mn $2p_{1/2}$ 和 Mn $2p_{3/2}$ 两个能级，并且能级差为 11.7eV，这与文献报道的 MnO_2 的数据一致，因此证明复合材料中 MnO_2 的存在。另外，与文献相比，它们的位置都向高能级跃迁了，这可能是受 MnO_2 催化剂与 TiO_2 相互作用的影响。同样的结果也出现在 Ti 2p 峰谱上，如图 7-7(c)所示，与文献相比，Ti 2p 电子结合能也向高电位迁移，说

明受 MnO_2 和 TiO_2 相互作用的影响，它们的电子周围的环境发生了变化，因此能级也相应地变化了。但 Ti 2p 两个分裂峰的能级差为 5.8eV，与锐钛矿相 TiO_2 的结果一致，证明凝胶层中的 Ti 为+4 价，以 TiO_2 的形式存在。

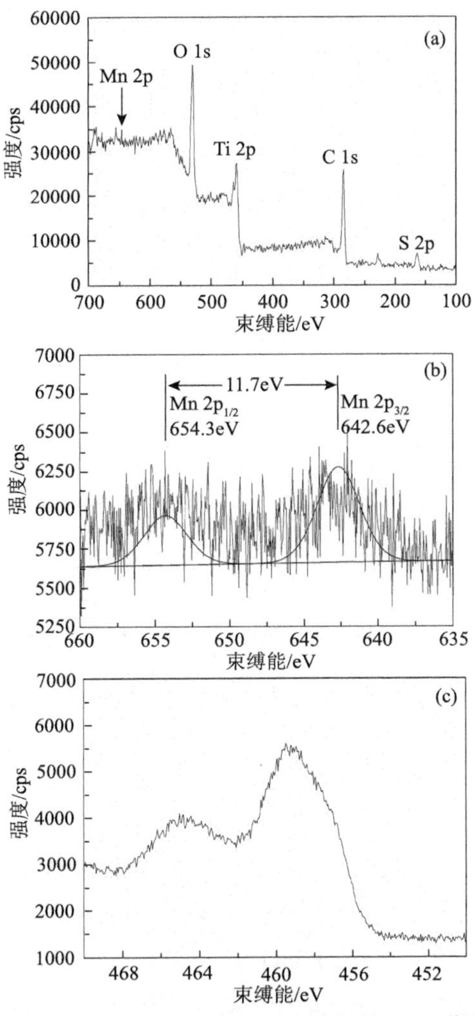

图 7-7　TiO_2@MnO_2/PPS 复合滤料的 XPS 谱图

(a) 全谱；(b) Mn 2p；(c) Ti 2p

7.3.6 热重分析

图 7-8 为 TiO_2@MnO_2/PPS 复合滤料的热重分析曲线。从图中可以看出，复合滤料在 200℃以下几乎没有质量变化，说明该复合滤料在测试温度范围内性质稳定。从 200℃开始，复合滤料开始逐渐失重，这可能与催化剂和 TiO_2 表面羟基脱水或结合水的损失有关。需要说明的是，对于无定形 MnO_2 催化剂来说，其抗水性非常好，少量的水对其脱硝性能几乎没有影响。另外，相对于原始 PPS 滤料 TiO_2@MnO_2/PPS 复合滤料的热稳定性能并没有改变，说明 PPS 滤料与催化剂和 TiO_2 凝胶层间并没有相互作用。复合滤料最后的剩余率为 16.2%，主要为 TiO_2 及 MnO_2。

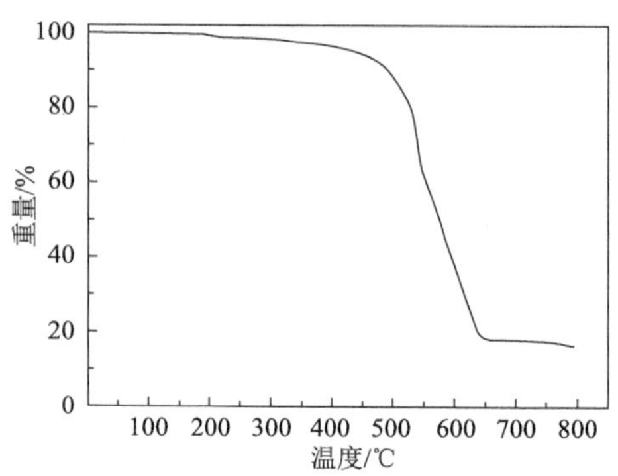

图 7-8 TiO_2@MnO_2/PPS 复合滤料的热重分析曲线

7.3.7 脱硝活性测试

图 7-9 显示了 TiO_2@PPS、MnO_2/PPS 和 TiO_2@MnO_2/PPS 脱硝功能复合滤料在 80～180℃的温度区间内脱硝率的变化情况。一般来说，一直被作为载体材料的 TiO_2 是不参与 NO 的选择性催化还原反应的。如图 7-9 所示，TiO_2@PPS 复合滤料在整个温度区间内的脱硝率与原始 PPS 滤料的脱硝率基本一致。这说明在 PPS 滤料上包裹 TiO_2

凝胶膜并不能增加其脱硝活性。当在 PPS 滤料表面负载 $50g/m^2$ 的无定形 MnO_2 后，MnO_2/PPS 复合滤料在 80℃时，脱硝率就已超过 40%，而且随着反应温度的升高，MnO_2/PPS 复合滤料的脱硝率逐渐增加。当温度为 180℃时，脱硝率达到 90%。对于 TiO_2@MnO_2/PPS 复合滤料来说，虽然 MnO_2 催化剂被 TiO_2 凝胶膜覆盖，但其脱硝率并未下降，反而升高了。虽然，FESEM 图像中没有观察到 TiO_2 凝胶层表面存在空隙结构，但是反应气体需要接触到 MnO_2 催化剂的活性位点才会发生反应，因此，可以断定 TiO_2 凝胶层表面必定存在着介孔结构[154, 186]。如前几章所述，介孔结构更有利于反应气体的吸附和催化，因此相比于 MnO_2/PPS 复合滤料，TiO_2@MnO_2/PPS 的脱硝率在整个温度范围内提升了 3%～12%。另外，据文献报道，MnO_2 与 TiO_2 间的协同作用，有利于电子的相互传递，也可提高 MnO_2 催化剂的脱硝活性。

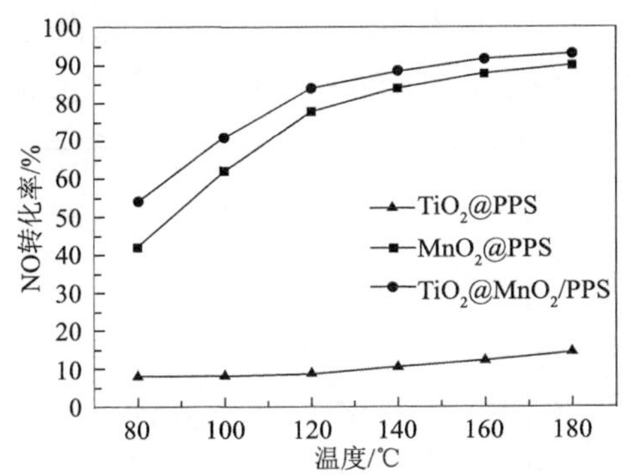

图 7-9　不同复合滤料的脱硝率随温度的变化曲线

7.3.8 NH_3 的瞬态响应实验

大量的研究表明，金属氧化物催化剂在以氨气为还原剂的选择性催化还原反应中遵循 Eley-Rideal 机理[187]：NH_3 首先吸附在催化剂的表面，然后与气相中的 NO 反应生成 N_2 和水。因此，NH_3 在催化剂表面的吸附量成为 SCR 反应的决定性因素。图 7-10 显示了

MnO_2/PPS 和 TiO_2@MnO_2/PPS 复合滤料上 SCR 过程中 NH_3 的瞬态响应实验。首先保持反应体系中的各气体含量及温度不变，直至反应体系达到稳定状态。5min 后断开 NH_3 供给，从图 7-10 中可以发现，出口端的 NO 含量先经过一段时间的降低后逐渐增加，直至达到平衡状态。在断开 NH_3 供给后，吸附在催化剂表面的 NH_3 会继续与气相中的 NO 反应一段时间，并且催化剂表面被空缺出来的活性位点会被 NO 吸附，因此，在断开 NH_3 后的几分钟里，NO 出口的浓度会降低。另外，比较 MnO_2/PPS 和 TiO_2@MnO_2/PPS 复合滤料出口 NO 含量在断开 NH_3 后几分钟里的恢复情况可以发现，TiO_2@MnO_2/PPS 复合滤料中 NO 浓度的恢复时间比 MnO_2/PPS 复合滤料中 NO 浓度的恢复时间慢，这表明 TiO_2@MnO_2/PPS 复合滤料中吸附的 NH_3 的数量更多，可继续与气相中的 NO 反应一段时间，从而减缓 NO 浓度的恢复。这与文献报道的 TiO_2 可提供更多的酸性位点一致，这也是 MnO_2/PPS 复合滤料在包覆 TiO_2 凝胶层后脱硝性能增加的一个主要原因。

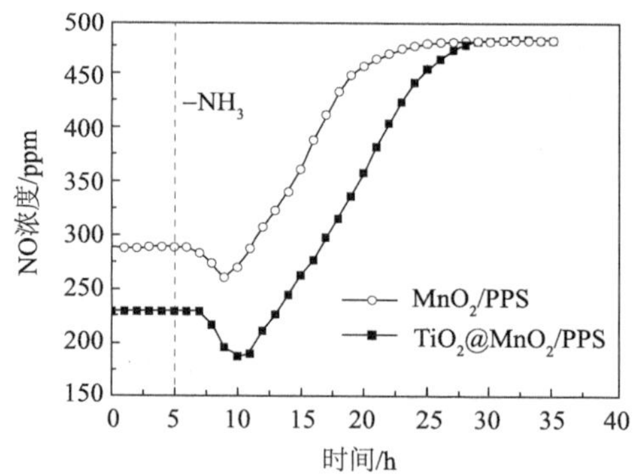

图 7-10　MnO_2/PPS 和 TiO_2@MnO_2/PPS 复合滤料上 NH_3 的瞬态响应实验（反应温度：80℃）

7.3.9 结合强度测试

图 7-11 显示了 MnO_2/PPS 和 TiO_2@MnO_2/PPS 复合滤料在

2000mL/min 的强气流下催化剂负载量与时间的关系曲线。从图中可以看出，MnO_2/PPS 复合滤料在强气流作用下催化剂负载量急剧下降，测试 5h 后，催化剂负载量减少了 13g/m^2。这对本来负载量就低的 MnO_2/PPS 复合滤料是一个重大损失，占到总负载量的 26%。而对于 TiO_2@MnO_2/PPS 复合滤料，其在整个测试时间内催化剂负载量仅损失 4g/m^2，表明 MnO_2/PPS 复合滤料经过 TiO_2 凝胶膜包裹后，催化剂被很好地固定在 PPS 纤维表面。同时也说明了 TiO_2 在整个 PPS 滤料内部的包覆效果很好，聚集或剥落的地方比较少。

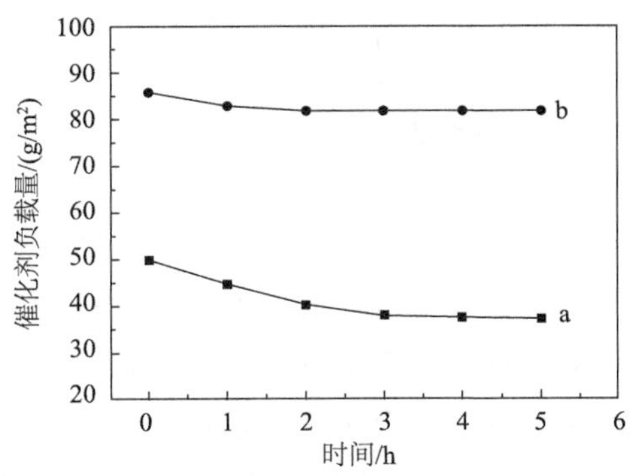

图 7-11　MnO_2/PPS (a) 和 TiO_2@MnO_2/PPS (b) 复合滤料的催化剂负载量随时间的变化

7.3.10 透气性能测试

图 7-12 为 MnO_2/PPS 和 TiO_2@MnO_2/PPS 复合滤料的压降柱状图。从图中可以看出，MnO_2/PPS 复合滤料的压降为 62Pa，高于 PPS 滤料的压降(38Pa)。压降的升高可能是超声和表面负载 MnO_2 颗粒共同作用的结果。而对于 TiO_2@MnO_2/PPS 复合滤料，其为 58Pa，比 MnO_2/PPS 复合滤料的压降略低，这是由于它表面包裹了一层光滑的 TiO_2 凝胶膜，更有利于气体流过。

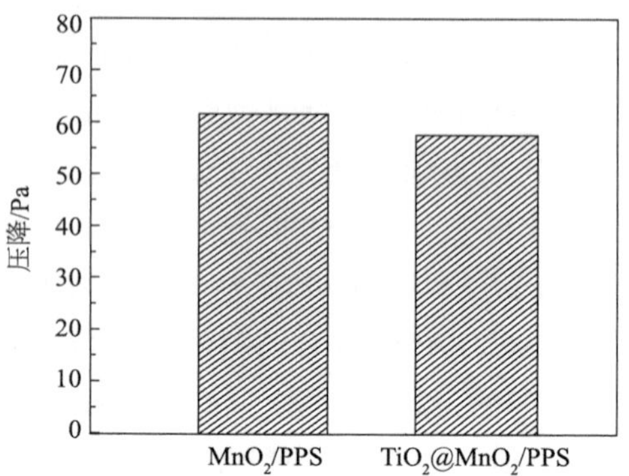

图 7-12 MnO_2/PPS 和 TiO_2@MnO_2/PPS 复合滤料的压降柱状图

7.3.11 催化稳定性能测试

在 160℃下，对 MnO_2/PPS 和 TiO_2@MnO_2/PPS 复合滤料的催化稳定性能进行了测试,其在 10h 内脱硝率随时间的变化曲线如图 7-13 所示。对于 MnO_2/PPS 复合滤料，其脱硝率随反应时间的增加而逐渐下降，并在运行 10h 后，仍有下降的趋势。这有两个方面的原因，第一，MnO_2 催化剂在 PPS 滤料表面结合不牢固，容易被气流吹落；第二，由于没有载体可以有效分散 MnO_2 催化剂颗粒，因而在反应过

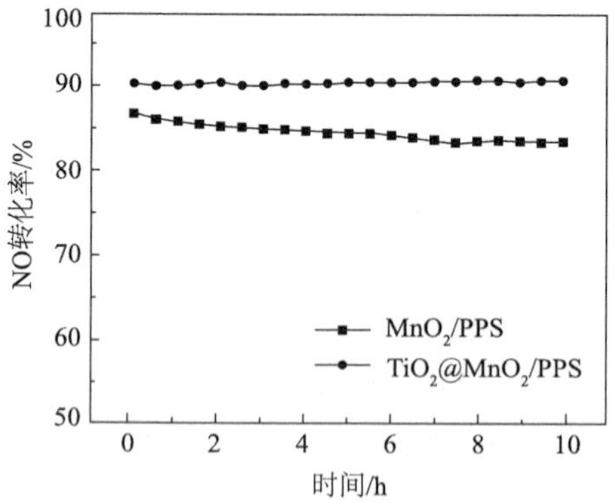

图 7-13 MnO_2/PPS 和 TiO_2@MnO_2/PPS 复合滤料在 160℃时的脱硝率随时间的变化

程中它们容易受热产生聚集并相互覆盖催化活性位点。当在 MnO_2/PPS 复合滤料纤维表面包裹一层 TiO_2 凝胶膜后，不仅可以有效防止 MnO_2 催化剂颗粒脱落，而且通过 TiO_2 与 MnO_2 间的相互作用，阻止了催化剂活性位点聚集的发生。因而 TiO_2@MnO_2/PPS 复合滤料具有很好的催化稳定性能，在整个测试时间内的脱硝率一直维持在 92%左右。

7.4 本章小结

(1) 首先通过液相共沉淀法制备了无定形的 MnO_2 催化剂，然后采用超声的方法将其负载在 PPS 滤料上，初步制得 MnO_2/PPS 脱硝功能复合滤料，并选用 MnO_2 负载量为 50g/m^2 的 MnO_2/PPS 复合滤料进行 TiO_2 包裹。

(2) 采用表面溶胶-凝胶法在 MnO_2/PPS 复合滤料纤维表面包裹一层 TiO_2 凝胶层，制得 TiO_2@MnO_2/PPS 脱硝功能复合滤料。扫描电镜结果显示，TiO_2 在每根纤维表面形成一层致密的凝胶膜，并且 MnO_2 催化剂被完全包裹而不能观察到。

(3) 研究了不同操作条件对复合滤料包裹效果的影响。发现当钛酸四丁酯浓度过大并且包裹次数较少时，TiO_2 凝胶层容易脱落；而当钛酸四丁酯浓度减小并且进行多次包裹时，TiO_2 凝胶层有少量剥离现象。因此，选择钛酸四丁酯浓度为 80mmol/L 并进行 3 次包裹较为合适。

(4) 对 MnO_2/PPS 和 TiO_2@MnO_2/PPS 复合滤料的性能进行了对比研究。结果发现，经 TiO_2 凝胶膜包裹的脱硝功能复合滤料不仅脱硝活性增加，而且复合滤料的结合强度、透气性能及催化稳定性能都提高了。

(5) 通过 NH_3 的瞬态响应实验发现，TiO_2 可提供更多的酸性位点是 MnO_2/PPS 复合滤料包裹 TiO_2 凝胶膜后脱硝性能提高的一个主要原因。

第 8 章　TiO_2包裹的脱硝功能芳纶滤料的制备及性能

8.1　引　　言

烟气除尘脱硝的使用过程中，催化剂极易被烟气带走而从纤维表面脱落，也极易因为遭受微细颗粒的摩擦而失活。对于脱硝功能复合滤料而言，除了要保证低温脱硝催化剂与滤料的结合牢固性之外，还要解决催化剂可能因遭受粉尘摩擦而失活的问题[188]。在脱硝功能复合滤料纤维表面设计一层保护膜将催化剂包裹住，不仅可以解决上述问题，还将有利于增加催化剂与滤料的结合强度。但是，保护层在保护催化剂免受粉尘摩擦的同时也可能掩盖催化活性位点而使得复合滤料的低温脱硝活性急剧降低。因此，需要在复合滤料表面设计一层能够不影响催化活性的保护膜。

近年来，关于将二氧化钛(TiO_2)作为载体制备催化剂的报道众多[189-193]。研究表明 TiO_2 作为脱硝催化剂载体能够提供更多的酸性位点从而改善脱硝活性，且可以增强催化剂的抗水抗硫性，同时还具备化学性质稳定、无毒无污染等优点。利用表面溶胶-凝胶法在高聚物材料表面包覆一层 TiO_2 保护层，能够增强高聚物材料的耐老化性，且具有操作简单、形貌及尺寸可控、适用面广等优点，因此已被应用于各个领域[194]。王玉玲[195]以钛酸四丁酯为前驱体，通过一种改性的表面溶胶-凝胶法实现了在低温下将透明的 TiO_2 薄膜负载到聚合物基体上。

芳纶纤维具有的优异特性，决定了由其制成的针刺、水刺滤料同样具有相当出众的持续耐热性，对于除尘滤料而言，除了要求能耐 140℃以上的高温，还要求其具有持续耐高温的特性。在较高温度下，芳纶滤料(MX)具备足够大的机械强度，有助于增大其在使用过程中的稳定性。经过折叠制成的芳纶滤料，其有效过滤面积加大了，这有助于改善过滤性能，同时具备较大的抗冲击强度以及优良的耐酸碱腐蚀性、阻燃性。

本章先将液相共沉淀法制备的具有最佳脱硝活性的 4% MnO_2/CNTs 催化剂通过超声作用分散在芳纶滤料上，初步制得 MnO_2/CNTs-芳纶复合滤料；再利用表面溶胶-凝胶法在纤维表面包裹一层 TiO_2 保护层，制得 TiO_2-MnO_2/CNTs-芳纶复合滤料。通过 SEM、EDS、XRD、TGA、脱硝活性测试、结合强度等对制得的复合滤料进行表征分析，结果表明，TiO_2-MnO_2/CNTs-芳纶复合滤料具有良好的低温脱硝活性，且 TiO_2 凝胶膜对催化剂起着很好的保护作用，使得复合滤料具有很好的稳定性及结合强度。

8.2　TiO_2-MnO_2/CNTs-芳纶复合滤料的制备

本实验分为催化剂分散和 TiO_2 包裹两个步骤。

首先，取适量自制的低温催化活性最佳的 4% MnO_2/CNTs 催化剂超声分散于无水乙醇中，1h 后将芳纶滤料小圆片放入其中，继续超声 40min 后取出在 50℃条件下干燥至恒重。将制得的复合滤料记为 MnO_2/CNTs-芳纶复合滤料。催化剂在滤料上的负载量按每平方米芳纶滤料负载的 MnO_2/CNTs 的质量计算，并可通过改变悬浮溶液的浓度来控制。

接着，取适量钛酸四丁酯溶解于适量无水乙醇中，制成 50mmol/L 的均相溶液，再将上述制备得到的 MnO_2/CNTs-芳纶复合滤料浸没其中，室温下静置 1h 后，将其取出、室温干燥 1h；最后将其浸入足量的水中使钛酸四丁酯进行水解缩聚并发生交联，从而在复合滤料表面形成一层 TiO_2 凝胶膜，0.5h 后取出在 50℃条件下干燥至恒重。重复上述水解-缩聚操作两次，并将制得的复合滤料记为 TiO_2-MnO_2/CNTs-芳纶复合滤料。

8.3 TiO_2-MnO_2/CNTs-芳纶复合滤料的性能

8.3.1 催化剂负载量对复合滤料脱硝率的影响

为了得出一个合适的催化剂负载量以供进一步的 TiO_2 包覆研究，测试了 160℃下，催化剂负载量对 MnO_2/CNTs-芳纶复合滤料脱硝率的影响，结果如图 8-1 所示。从图中可发现，复合滤料的催化活性随着催化剂负载量的增多而上升。这是因为催化剂用量越大，能提供的活性位点就越多，同时气体与催化剂的接触面积越大，这使得 NO 转化率上升。

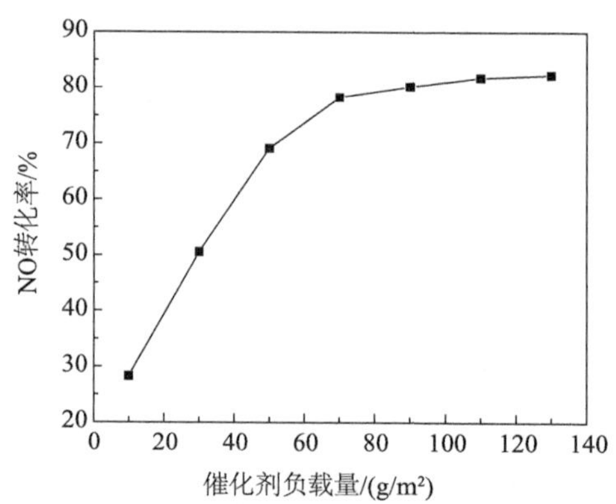

图 8-1 催化剂负载量对 MnO_2/CNTs-芳纶复合滤料脱硝率的影响（反应温度为160℃）

从图 8-1 中还可以发现，当负载量较小时(小于 70 g/m^2)，复合滤料的脱硝活性随负载量的增加，增长幅度较大，当负载量为 70g/m^2 时，NO 转化率为 78.3%；继续增加催化剂负载量，复合滤料的 NO 转化率增长幅度变小，这是因为当负载量较小时，芳纶纤维上的活性位点数会随着负载量的增加而增加，从而提高了催化活性；当负载量为 70g/m^2 时，催化剂已经完全分散在芳纶纤维表面，继续增加负载量，催化剂可能在纤维表面发生堆叠，使得原有活性位点被覆盖，并未增加活性位点数量，因此，继续增加催化剂的负载量对复合滤料脱硝率的贡献不大。另外，负载量越大，越易造成催化剂在纤维表面聚集而脱落，且对于复合滤料而言，克重过大会不利于其在实际使用中的操作，甚至可能会影响滤料的透气性能。综上，我们选择催化剂负载量为 70g/m^2 的 MnO_2/CNTs-芳纶复合滤料进行进一步的 TiO_2 包覆研究。

8.3.2 不同制备条件对复合滤料表面形貌的影响

为了了解不同制备条件对复合滤料表面形貌的影响，用 100mmol/L、120mmol/L、50mmol/L 和 25mmol/L 的钛酸四丁酯乙醇溶液对 MnO_2/CNTs-芳纶复合滤料分别进行 1 次、1 次、2 次和 4 次的包裹处理所制得的样品进行了 SEM 分析。图 8-2(a)、(b)是分别利用 100mmol/L、120mmol/L 的钛酸四丁酯乙醇溶液对 MnO_2/CNTs-芳纶复合滤料进行 1 次包裹的复合滤料的 SEM 图，从图中可以看出，纤维表面的 TiO_2 包覆层分布并不均匀，出现了团聚现象；并且在两者的表面均出现了裂纹，其中图 8-2(b)中的裂纹更加明显，甚至 TiO_2 保护层已经出现了脱落的现象。这可能是因为当钛酸四丁酯乙醇溶液浓度太大时，吸附在芳纶滤料表面的钛酸四丁酯分布不均匀，极其容易因为团聚而脱落。当将钛酸四丁酯溶液浓度降为 50mmol/L 并进行 2 次包裹时[图 8-2(c)]，TiO_2 的包裹效果明显提高，纤维表面变得较为光滑，观察不到裂纹，但也出现因团聚而脱落的现象。当进一步降低钛酸四丁酯溶液浓度为 25mmol/L 并进行 4 次包裹时[图 8-2(d)]，纤维表面的团聚、剥落现象更为严重，这可能是由于钛酸四丁酯溶液浓度过低，不容易在纤维表面形成连续的凝胶层，且每次包裹的凝胶层厚度越薄，凝胶层薄片的张力越大，越容易从表面剥离。因此，综合考虑，选择钛酸四丁酯溶液的浓度为 50mmol/L 进行 2 次包裹效果最好。

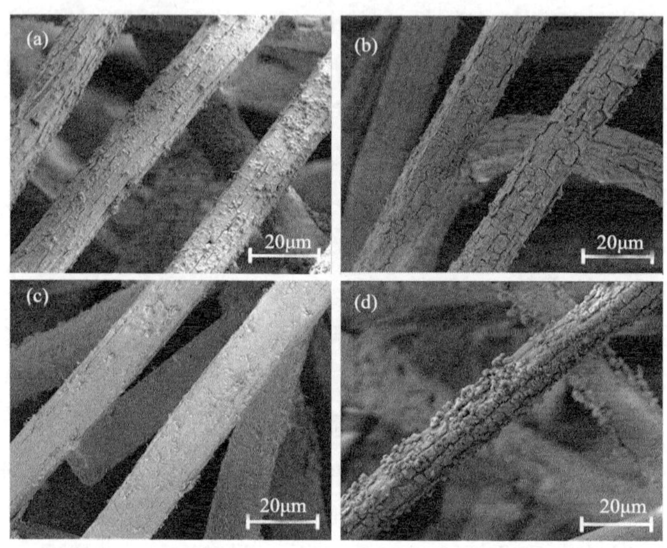

图 8-2 不同制备条件制备的 TiO_2-MnO_2/CNTs-芳纶复合滤料的 SEM 图像
(a) 100mmol/L 钛酸四丁酯乙醇溶液包裹 1 次；(b) 120mmol/L 钛酸四丁酯乙醇溶液包裹 1 次；(c) 50mmol/L 钛酸四丁酯乙醇溶液包裹 2 次；(d) 25mmol/L 钛酸四丁酯乙醇溶液包裹 4 次

8.3.3 扫描电镜分析

图 8-3 给出了催化剂负载量为 70g/m^2 的 MnO_2/CNTs-芳纶复合滤料以及用 50mmol/L 的钛酸四丁酯溶液包裹 2 次的 TiO_2-MnO_2/CNTs-芳纶复合滤料的 SEM 图，同时，为了检测复合滤料纤维表面所含的元素及其分布情况进行了 EDS 分析。由图 8-3 (a) 可以看到，经过超声负载 4% MnO_2/CNTs 催化剂的芳纶滤料纤维表面分散有一层毛糙的物质。而经过表面溶胶-凝胶法包覆 TiO_2 保护层之后[图 3-2 (b)]，纤维表面明显包裹了一层膜状物质。其表面较未包覆 TiO_2 的

MnO_2/CNTs-芳纶复合滤料来说较为光滑。另外，对图 8-3(b)中的方框区域进行了元素分析。图 8-3(g)证明了芳纶纤维表面含有 C、O、Ti 和 Mn 四种元素，且它们的质量分数分别为 51.30%、30.04%、17.81%、0.86%。Ti 元素的存在说明了 TiO_2 保护层已成功地包覆在芳纶纤维表面，而 Mn 元素含量较少是因为 MnO_2/CNTs 催化剂被包

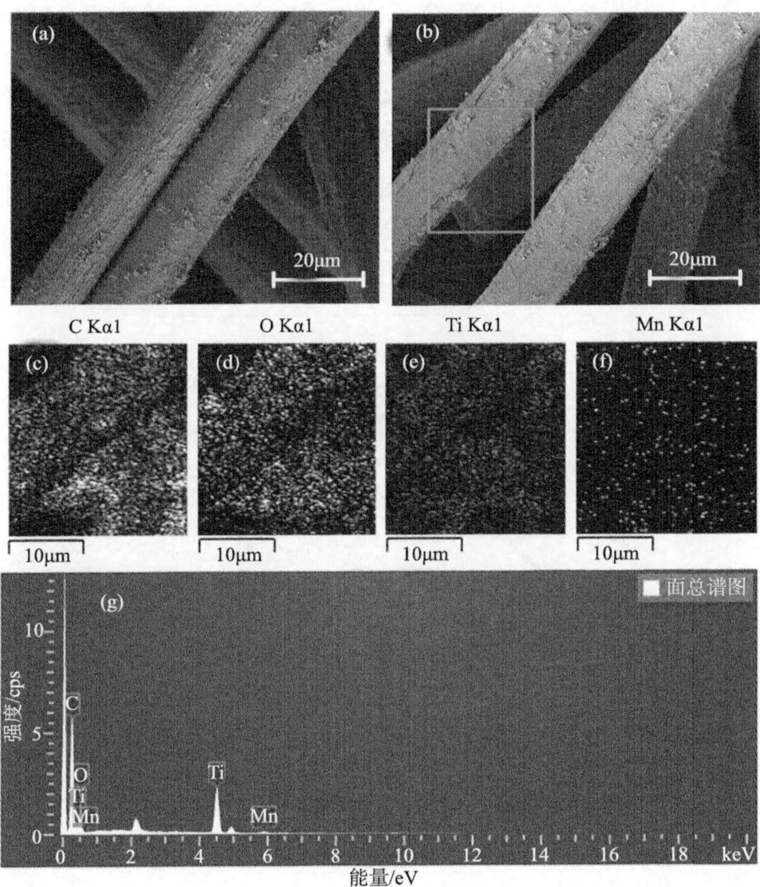

图 8-3　MnO_2/CNTs-芳纶复合滤料(a)、TiO_2-MnO_2/CNTs-芳纶复合滤料(b)的 SEM 图像和方框区域内的 C(c)、O(d)、Ti(e)及 Mn(f)元素分布谱图与 EDS 谱图(g)

覆在 TiO_2 里面。另外，从各元素的分布图可发现，C、O、Ti 和 Mn 四种元素在纤维表面分布均匀。

8.3.4 X 射线衍射分析

图 8-4 为芳纶滤料和 MnO_2/CNTs-芳纶、TiO_2-芳纶、TiO_2-MnO_2/CNTs-芳纶复合滤料的 XRD 谱图。由图可以发现，芳纶纤维的 XRD 谱图中有两个较强和几个较小、较弱的特征峰。而其他三种复合滤料的出峰位置与芳纶纤维的出峰位置基本一致，只是峰强度由于包覆层的影响而有所减弱，表明负载物已成功包裹到纤维表面，同时，在 TiO_2-芳纶、TiO_2-MnO_2/CNTs-芳纶复合滤料的 XRD 谱图上看不到关于 TiO_2 的衍射峰，因此可推断出 TiO_2 在纤维表面呈无定形结构。

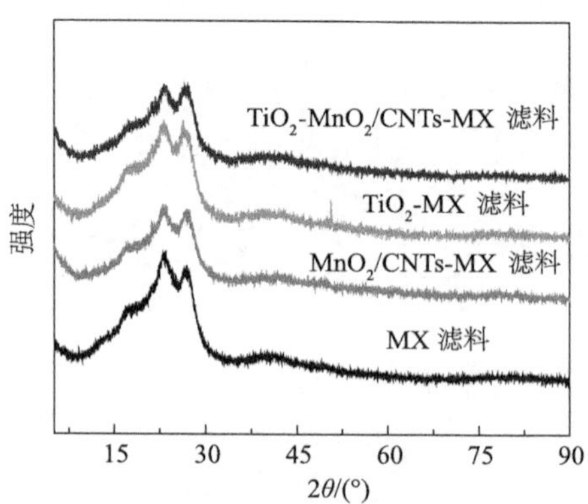

图 8-4 芳纶滤料和 MnO_2/CNTs-芳纶、TiO_2-芳纶、TiO_2-MnO_2/CNTs-芳纶复合滤料的 XRD 谱图

8.3.5 热重分析

图 8-5 给出了芳纶滤料和 TiO_2-MnO_2/CNTs-芳纶复合滤料的热重分析曲线。由图可以看出，从室温～90℃两者的失重率大约为 3%，引起质量损失的主要原因是芳纶滤料所含外在水和内在水的挥发，

这属于芳纶滤料的干燥阶段。90～400℃，TiO_2-MnO_2/CNTs-芳纶复合滤料的热重曲线和芳纶滤料几乎重合，说明芳纶滤料与催化剂和 TiO_2 凝胶层间并没有相互作用，且复合滤料基本能适应滤料原本的工作环境。从 400℃开始，滤料及复合滤料的质量开始急剧减小，这可能是因为芳纶纤维开始发生热分解；复合滤料的热失重还与催化剂和 TiO_2 表面羟基脱水或结合水的损失有关。最后，复合滤料的剩余率高于芳纶滤料的剩余率，主要归因于 TiO_2 及 MnO_2。

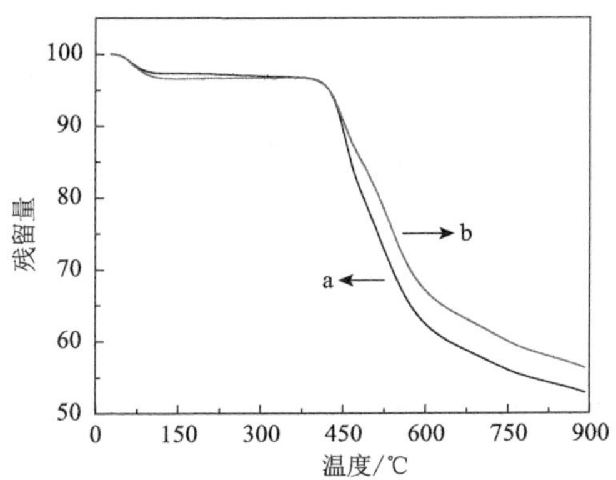

图 8-5　芳纶滤料(a)和 TiO_2-MnO_2/CNTs-芳纶复合滤料(b)的热重分析曲线

8.3.6 脱硝活性测试

图 8-6 为在 80～180℃温度区间内，TiO_2-芳纶复合滤料和 TiO_2-MnO_2/CNTs-芳纶复合滤料的脱硝率。从图中可知，TiO_2-芳纶复合滤料的脱硝率在整个测试温度区间内大约为 10%～12%,这表明 TiO_2 对 NO 的催化还原性能很弱，几乎可以忽略。但是当在芳纶纤维表面负载 MnO_2/CNTs 催化剂(负载量为 70g/m^2)，再经过 TiO_2 包裹之后的 TiO_2-MnO_2/CNTs-芳纶复合滤料其脱硝活性明显增大。在 80℃时脱硝率为 34.6%,温度升高至 180℃时达到 77.4%。包裹上 TiO_2 之后，复合滤料表现出了较好的催化活性，这说明 TiO_2 包覆层并不

会将纤维表面的催化剂活性位点完全掩盖，也可以推断出 TiO_2 凝胶层表面必定存在着介孔结构[196]。介孔结构更有利于反应气体的吸附和催化，因此 TiO_2-MnO_2/CNTs-芳纶复合滤料具有良好的低温脱硝活性。另外，MnO_2 与 TiO_2 间的协同作用，有利于电子的相互传递，也可提高 MnO_2 催化剂的脱硝活性。

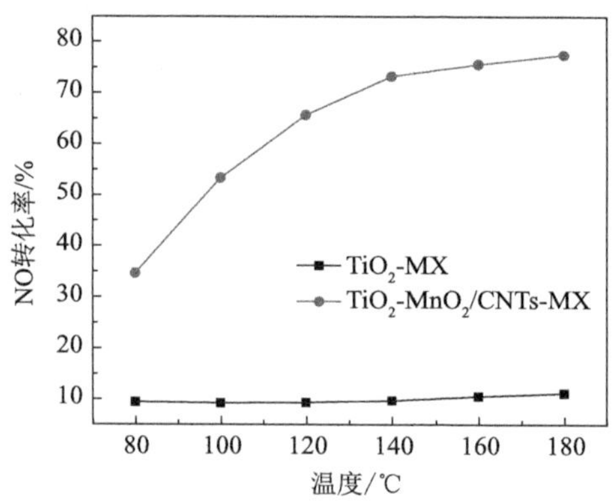

图 8-6 TiO_2-芳纶复合滤料和 TiO_2-MnO_2/CNTs-芳纶复合滤料脱硝率

8.3.7 结合强度测试

复合滤料在使用过程中不断有烟气通过，因此，催化剂与滤料的结合强度是一个很重要的参数。对 MnO_2/CNTs-芳纶、TiO_2-MnO_2/CNTs-芳纶复合滤料在 2000mL/min 的强气流下负载量随时间的变化情况进行了观察，结果如图 8-7 所示。由图可以发现，MnO_2/CNTs-芳纶复合滤料在强气流作用下，催化剂负载量急剧减小，测试进行了 3h 后，催化剂负载量从 70g/m^2 减小到 56.3g/m^2，损失率达到了 19.6%。而对于 TiO_2-MnO_2/CNTs-芳纶复合滤料来说，结合强度有了较大提高。其质量的损失主要发生在测试开始的 2h 内，且在整个测试过程中的损失率仅为 5.8%，说明 TiO_2 将 MnO_2/CNTs 很好地固定在了纤维表面，也说明了 TiO_2 在整个芳纶滤料内部的包

覆效果很好，聚集或剥落的地方比较少。

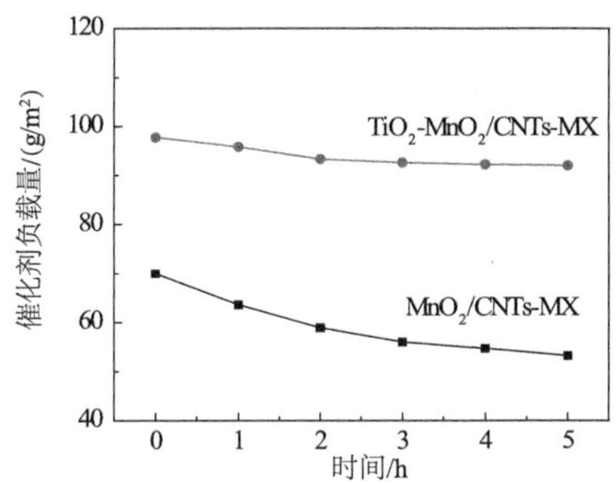

图 8-7　MnO_2/CNTs-芳纶、TiO_2-MnO_2/CNTs-芳纶复合滤料的负载量随时间的变化

8.3.8 透气性能测试

图 8-8 给出了芳纶滤料、MnO_2/CNTs-芳纶、TiO_2-MnO_2/CNTs-芳纶复合滤料的压降柱状图。从图中可以明显看出，MnO_2/CNTs-芳纶复合滤料的压降(42Pa)高于芳纶滤料的压降(29Pa)，这可能是因为超声作用使得纤维结构变得更加紧密和负载催化剂之后的复合滤

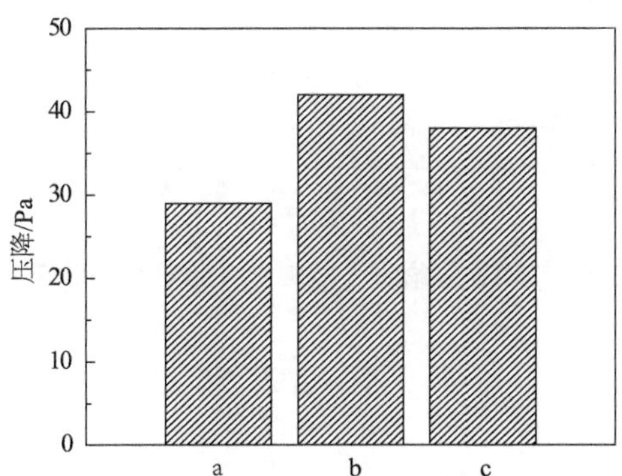

图 8-8　芳纶滤料(a)、MnO_2/CNTs-芳纶(b)、TiO_2-MnO_2/CNTs-芳纶复合滤料(c)的压降柱状图

料表面变得粗糙，纤维间隙变小，使得烟气通过时的阻力增大。包裹了 TiO_2 之后的 TiO_2-MnO_2/CNTs-芳纶复合滤料其压降减少为 38Pa，这是由于在包裹了 TiO_2 之后，纤维表面变得光滑，利于气流通过。

8.3.9 催化稳定性能测试

图 8-9 是 TiO_2-MnO_2/CNTs-芳纶复合滤料在 160℃时的脱硝率随时间的变化图。由图可知，在整个测试时间内，复合滤料的脱硝活性基本不变，始终在 75.5%上下波动，表明了该复合滤料具有很好的催化稳定性能。这一方面是因为复合滤料具有较好的结合强度，使得在使用过程中，催化剂损失量极小；另一方面是因为 TiO_2 包覆层保护催化剂，使得其不因气体磨损而影响催化活性。

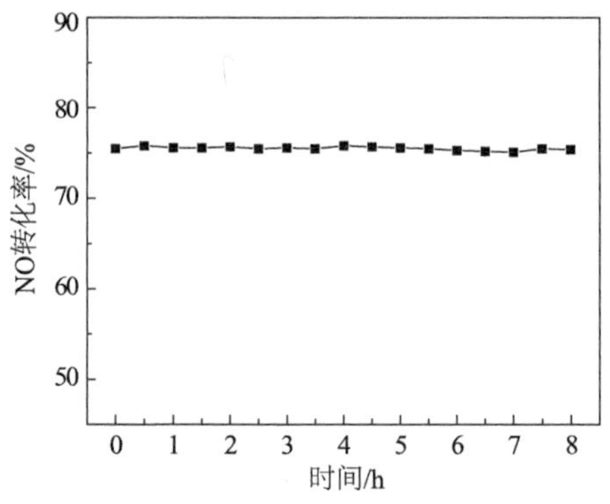

图 8-9 TiO_2-MnO_2/CNTs-芳纶复合滤料在 160℃时的脱硝率随时间的变化

8.4 本 章 小 结

本章先将 4% MnO_2/CNTs 催化剂通过超声分散负载到芳纶纤维表面初步制得 MnO_2/CNTs-芳纶复合滤料，再利用表面溶胶-凝胶法在 MnO_2/CNTs-芳纶复合滤料纤维表面包裹一层 TiO_2 凝胶层，制得

TiO_2-MnO_2/CNTs-芳纶复合滤料。探讨了最佳的催化剂负载量以及 TiO_2 凝胶层的制备工艺，并表征分析了该条件下制备得到的复合滤料的一系列性能。

(1) 通过对不同负载量的复合滤料脱硝活性进行测试，选定 MnO_2/CNTs 催化剂负载量为 70g/m^2 的 MnO_2/CNTs-芳纶复合滤料进行 TiO_2 包裹。通过对不同制备条件下制得的 TiO_2-MnO_2/CNTs-芳纶复合滤料进行扫描电镜分析发现，当钛酸四丁酯溶液浓度太大时，容易使复合滤料表面的 TiO_2 包覆层出现裂纹及脱落现象；而当钛酸四丁酯溶液浓度太小且进行多次包裹时，也容易因为 TiO_2 包覆层张力太大而剥落。因此，选择钛酸四丁酯溶液的浓度为 50mmol/L 进行 2 次包裹。

(2) 通过 SEM、EDS 可以看出，未包覆 TiO_2 保护层的 MnO_2/CNTs-芳纶复合滤料表面较为毛糙，而 TiO_2-MnO_2/CNTs-芳纶复合滤料纤维表面变得较为光滑，在其上可以观察到一层膜状物质。经过 EDS 分析可知 TiO_2 保护层已经成功地包覆在了芳纶纤维表面，而且 MnO_2/CNTs 催化剂也成功地被包覆在了 TiO_2 保护层里面。

(3) 脱硝活性测试表明，TiO_2 对 NO 的催化还原活性几乎可以忽略。当催化剂负载量为 70g/m^2，TiO_2-MnO_2/CNTs-芳纶复合滤料表现出良好的脱硝活性，在 80℃时脱硝率为 34.6%，温度升高至 180℃时达到了 77.4%，说明 TiO_2 包覆层并不会将催化活性位点掩盖。

(4) 对 MnO_2/CNTs-芳纶复合滤料和 TiO_2-MnO_2/CNTs-芳纶复合滤料的性能进行了对比研究。结果发现，经 TiO_2 包裹后，复合滤料的结合强度、透气性能提高了，这是因为包覆层使得催化剂与复合滤料的牢固性增强且使得复合滤料纤维变得光滑从而减少气体通过的阻力。另外，因为 TiO_2 的包裹，催化剂免受烟气摩擦受损而稳定性增强。

第 9 章　MnO_2-PPy/芳纶复合滤料的制备及性能

9.1　引　　言

在芳纶滤料表面直接负载脱硝催化剂，其结合强度通常达不到要求，需要再经过后期包覆、涂膜等方法提高催化剂与滤料结合的牢固性。在芳纶滤料表面上原位生成脱硝催化剂制备复合材料的方法操作简单、催化剂分布均匀且与滤料结合牢固、脱硝活性高，具有广阔的应用前景。本章针对 MnO_2 催化剂在芳纶滤料上的原位生成进行研究，寻找 MnO_2 催化剂负载与包覆一步完成的制备方法，同时解决催化剂在滤料上的分散性及与滤料结合牢固性的问题。

原位聚合法是指把反应单体和催化剂同时加入分散相中，因为单体在单一相中可溶，而聚合物在整个体系中不可溶，因此单体发生就地聚合生成的聚合物沉积在了基体上[197]。将单体均匀分散在滤料纤维表面，再让其进行原位聚合，同时生成催化剂插入聚合物中，就能使制备得到的复合滤料中催化剂均匀分布且生成高分子薄膜包覆在滤料表面，以能达到催化剂与滤料牢固结合的目的。锰氧化物因具有多种易变价态，利于进行氧化还原反应，故而在低温脱硝方面具有很大的应用潜力。相关报道表明，在锰氧化物的众多氧化态中，MnO_2 的低温催化活性是最好的。另外，制备方法、分散性、结晶性以及表面形貌等都会影响 MnO_2 催化剂的活性[198-200]。

聚吡咯(polypyrrole，PPy)具有空气稳定性好、无毒、易于成膜等优点。近年来，有关于 MnO_2/PPy 在超级电容器中的应用研究的报道较多[201-204]。其中，利用高锰酸钾一步氧化聚合吡咯单体的方法制备 MnO_2/PPy 复合材料因操作简单、成本低等优点而被广泛关注[201, 202]。其反应方程式如下：

$$\text{pyrrole (N–H)} + KMnO_4 \longrightarrow \left[\text{pyrrole-2,5-diyl (N–H)}\right]_n + MnO_2$$

本章首先通过浸渍-挥发溶剂的方法，在芳纶纤维表面利用 π-π 共轭效应均匀吸附吡咯单体；再利用高锰酸钾的氧化作用，在酸性条件下将吸附于纤维表面的吡咯单体原位聚合成聚吡咯，同时，高锰酸钾被还原生成 MnO_2 催化剂插入到聚吡咯基体中，均匀分散在芳纶纤维表面。将制得的复合滤料记为 MnO_2-PPy/芳纶复合滤料。通过探讨高锰酸钾浓度、硫酸浓度、反应时间对复合滤料结构及性能的影响得到最佳制备条件，并利用 SEM、EDS、TGA、XRD、脱硝活性测试等对在此条件下制备得到的复合滤料进行详细的研究，最后考查了其结合强度、透气性能、催化稳定性。

9.2　MnO_2-PPy/芳纶复合滤料的制备

本章利用原位聚合法制备 MnO_2-PPy/芳纶复合滤料，具体操作方法如下：先将吡咯进行蒸馏提纯后配成 0.3mol/L 的吡咯丙酮溶液，再将用蒸馏水和乙醇洗净并烘干的芳纶滤料浸没其中，3h 后取出于室温晾置 1h。接着配制一定浓度及酸含量的酸性高锰酸钾溶液，再将上述已预处理的芳纶滤料放入其中，在超声波清洗器中反应一定时间后取出，用去离子水洗涤数次直至洗涤液变得澄清。最后将制得的复合滤料放入烘箱中于 110℃下烘干即可。其中，负载量是以每平方米芳纶滤料所负载的 MnO_2/PPy 复合材料的质量来计算的。

9.3 MnO_2-PPy/芳纶复合滤料的性能

9.3.1 高锰酸钾浓度对复合滤料结构和性能的影响

图 9-1 为在硫酸浓度 1mol/L、反应时间 30min 的条件下，MnO_2-PPy/芳纶复合滤料的负载量及 160℃下 NO 转化率随 $KMnO_4$ 溶液浓度的变化情况。

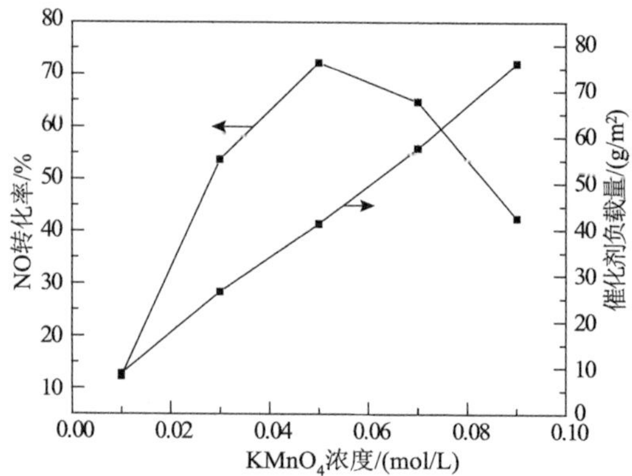

图 9-1 MnO_2-PPy/芳纶复合滤料的脱硝率（160℃）和催化剂负载量随 $KMnO_4$ 溶液浓度的变化情况（硫酸浓度为 1mol/L，反应时间为 30min）

从图 9-1 中可以看出，复合滤料的催化剂负载量随着 $KMnO_4$ 浓度的增加而增加，但 NO 转化率随着 $KMnO_4$ 浓度的增加出现了先增加后减小的趋势，且在 $KMnO_4$ 浓度为 0.05mol/L 时达到最大。

图 9-2 为在硫酸浓度 1mol/L、反应时间 30min 的条件下，不同浓度 $KMnO_4$ 溶液制备的 MnO_2-PPy/芳纶复合滤料的 SEM 图像。图 9-2(a) 为空白的芳纶滤料，由图可看出，此时纤维表面比较光滑。当 $KMnO_4$ 溶液的浓度为 0.01mol/L 时[图 9-2(b)]，可以观察到纤维表面开始包覆上一层薄薄的 MnO_2/PPy 复合材料。但由于 $KMnO_4$ 浓度较低，包裹并不是很均匀，有些地方还未负载上 MnO_2/PPy 复合材

料，这是此时 NO 转化率较低的主要原因。继续增加 $KMnO_4$ 浓度，纤维表面的包覆层越来越厚，也越来越均匀，NO 转化率也越来越高，当 $KMnO_4$ 浓度为 0.05mol/L 时，从图 9-2(d) 可以看到，MnO_2/PPy 均匀地负载在纤维表面，且此时的脱硝率达到最高。当 $KMnO_4$ 溶液浓度继续增加至 0.07mol/L 时[图 9-2(e)]，可以明显看到 MnO_2/PPy 在纤维表面发生团聚，且可能是包覆层较厚的原因，MnO_2/PPy 复合材料出现剥落

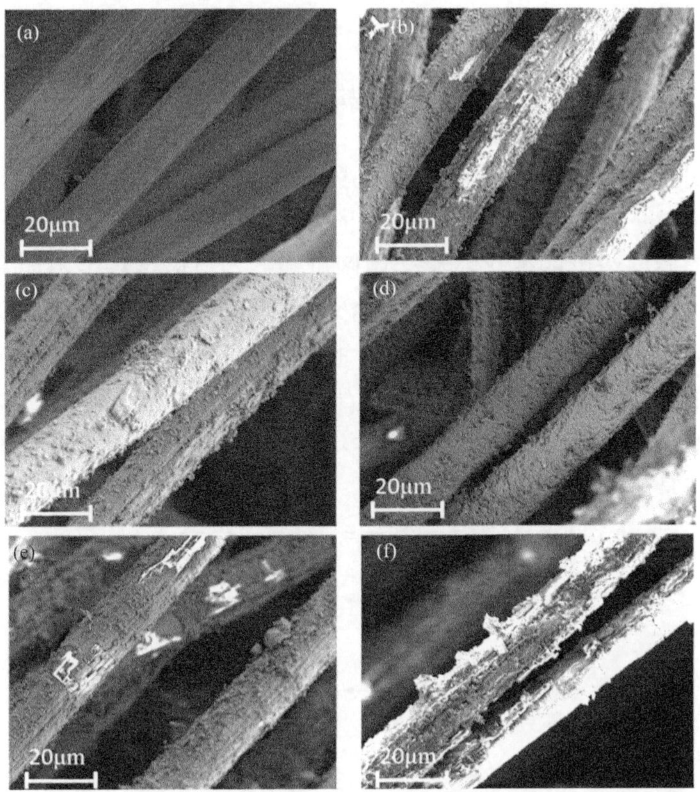

图 9-2　芳纶滤料以及不同浓度的 $KMnO_4$ 溶液制备的 MnO_2-PPy/芳纶复合滤料的 SEM 图像(硫酸浓度为 1mol/L，反应时间为 30min)

(a)芳纶滤料；(b) 0.01mol/L $KMnO_4$；(c) 0.03mol/L $KMnO_4$；(d) 0.05mol/L $KMnO_4$；(e) 0.07mol/L $KMnO_4$；(f) 0.09mol/L $KMnO_4$

的现象。继续增加 $KMnO_4$ 浓度至 0.09mol/L 时[图 9-2(f)]，纤维表面出现了一层厚厚的包覆层，同时出现了较多的 MnO_2/PPy 片状物，还可观察到纤维表面出现了很多的裂痕，这一方面可能是由于包覆层太厚，另一方面可能是因为溶液氧化性太强以致破坏了芳纶纤维的结构。综上，$KMnO_4$ 浓度可以影响复合材料的催化剂负载量以及其在纤维表面的包覆均匀性，进而影响脱硝活性，因此，将 $KMnO_4$ 浓度定为 0.05mol/L。

9.3.2 硫酸浓度对复合滤料结构和性能的影响

图 9-3 给出了 $KMnO_4$ 浓度 0.05mol/L、反应时间 30min 的条件下，MnO_2-PPy/芳纶复合滤料的催化剂负载量和温度为 160℃时的 NO 转化率随硫酸浓度的变化情况。由图可知，当反应过程中不加入硫酸溶液时，复合滤料的负载量仅为 3.88g/m^2、脱硝率仅为 12.5%。当硫酸浓度从 0mol/L 增加至 0.5mol/L 时，复合滤料的负载量和脱硝率均急剧增加，这表明硫酸对反应具有重要的促进作用。随着硫酸浓度继续增加至 2mol/L，NO 转化率持续提高，但是负载量并没有不断增加，而是稳定在 41g/m^2 左右。

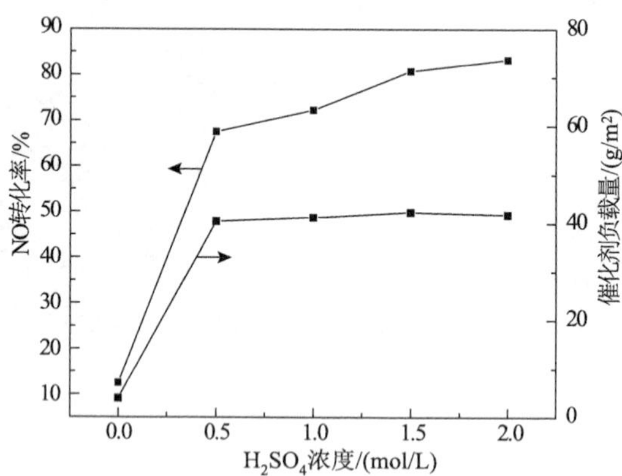

图 9-3 MnO_2-PPy/芳纶复合滤料的脱硝率(160℃)和催化剂负载量随硫酸浓度的变化情况($KMnO_4$ 浓度为 0.05mol/L，反应时间为 30min)

图 9-4 显示了在 $KMnO_4$ 浓度 0.05mol/L、反应时间 30min 时，不同浓度 H_2SO_4 溶液制备的 MnO_2-PPy/芳纶复合滤料的 SEM 图像。图 9-4(a)为空白的芳纶滤料，作为对比用。从图 9-4(b)可以看出，反应过程中不添加硫酸时，纤维表面也沉积有 MnO_2-PPy，但包覆量较少，有些地方还可以看到明显的纤维纹路。从图 9-4(c)可发现，硫

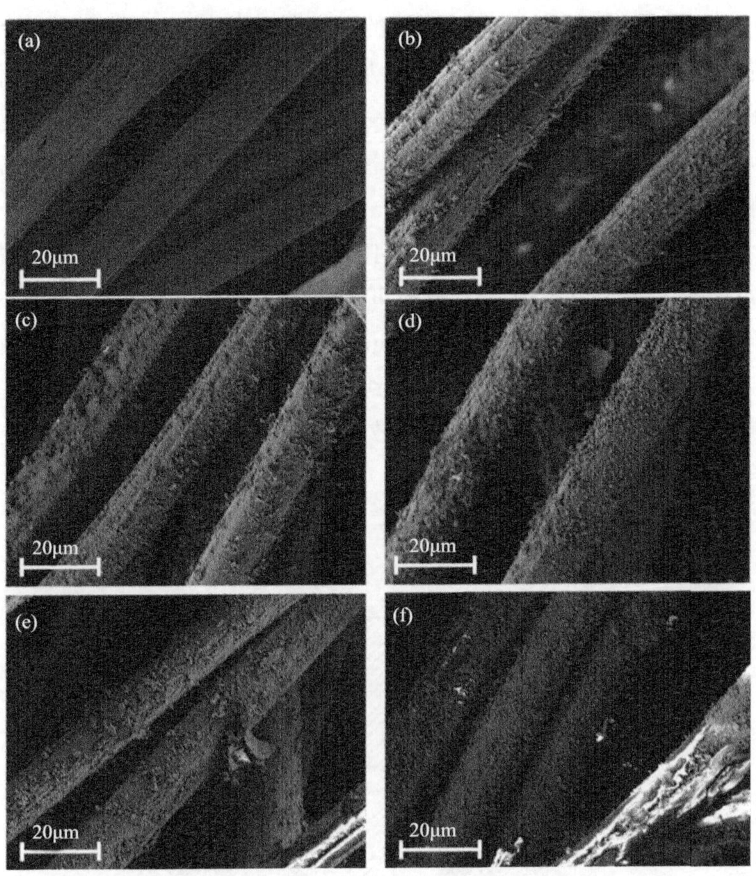

图 9-4　芳纶滤料以及不同浓度的 H_2SO_4 溶液制备的 MnO_2-PPy/芳纶复合滤料的 SEM 图像($KMnO_4$ 浓度为 0.05mol/L，反应时间为 30min)

(a)芳纶滤料；(b)0 mol/L H_2SO_4；(c)0.5mol/L H_2SO_4；(d)1.0mol/L H_2SO_4；(e)1.5mol/L H_2SO_4；(f)2.0mol/L H_2SO_4

酸浓度为 0.5mol/L 时，纤维表面均匀地包覆上了一层 MnO_2-PPy。当硫酸浓度为 1mol/L 时，MnO_2-PPy 包覆层变得粗糙且不均匀，在芳纶纤维表面出现了许多聚集粒子，在纤维间隙甚至可看到片状 MnO_2-PPy。

从图 9-4(e)和图 9-4(f)可发现，当硫酸浓度继续增加至 1.5mol/L、2.0mol/L 时，包覆层粗糙不均匀的现象更加严重，这可能是因为硫酸浓度过大，使得反应速率加快，从而导致 MnO_2 在芳纶纤维上不能很好地生长包覆。同时，还可以发现部分纤维出现了开裂的现象，且硫酸浓度越大，开裂程度越严重，这可能是由浓硫酸以及高锰酸钾强的氧化作用导致的。这将进一步影响复合滤料的力学性能，因此，对不同浓度硫酸制备的 MnO_2-PPy/芳纶复合滤料的拉伸强度进行测试，结果如图 9-5 所示。由图可知，当硫酸浓度为 1.0mol/L 时，复合滤料的横、纵拉伸强度较 0.5mol/L 时略微升高。而当硫酸浓度为 1.5mol/L 时，复合滤料的横、纵拉伸强度开始降低，这表明在高的硫酸浓度下，芳纶纤维结构被破坏。因此，硫酸浓度为 1mol/L 较适合。

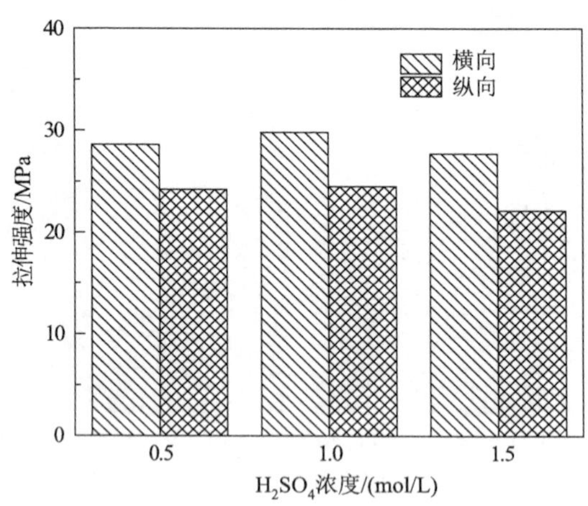

图 9-5　不同浓度硫酸制备的 MnO_2-PPy/芳纶复合滤料的拉伸强度柱状图

9.3.3 反应时间对复合滤料结构和性能的影响

图 9-6 给出了在 $KMnO_4$ 浓度 0.05mol/L、硫酸浓度 1mol/L 的条件下，MnO_2-PPy/芳纶复合滤料的催化剂负载量和温度为 160℃时的 NO 转化率随反应时间的变化情况。从图中可以发现，复合滤料的负载量和 NO 转化率都随着反应时间的增加而增加，这与反应随着时间进行得更加充分有关。其中，脱硝率在反应时间为 30min 时增加至 70.5%，随后曲线变得平缓。

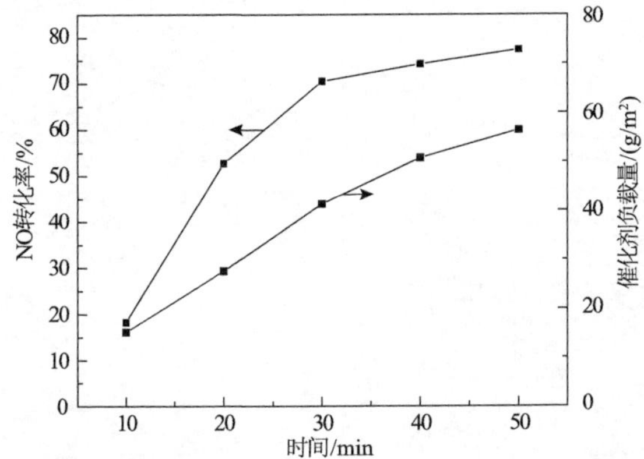

图 9-6　MnO_2-PPy/芳纶复合滤料的脱硝率（160℃）和催化剂负载量随反应时间的变化情况（$KMnO_4$ 浓度为 0.05mol/L，硫酸浓度为 1mol/L）

图 9-7 显示了不同反应时间下制备的 MnO_2-PPy/芳纶复合滤料的 SEM 图像。图 9-7(a)为空白的芳纶滤料，作为对比用。从图中可看到，反应进行 10min 时，纤维的 MnO_2-PPy 负载量较少，只有少量颗粒物存在。随着反应时间的增加，纤维表面的包覆层越来越厚，这与催化剂负载量的测试结果是一致的。但当反应时间增加至 40min 时，MnO_2-PPy 发生了团聚，在纤维间隙可以观察到明显的聚集物。而在反应时间为 50min 时，甚至出现了因包覆层过厚而造成的剥落现象。

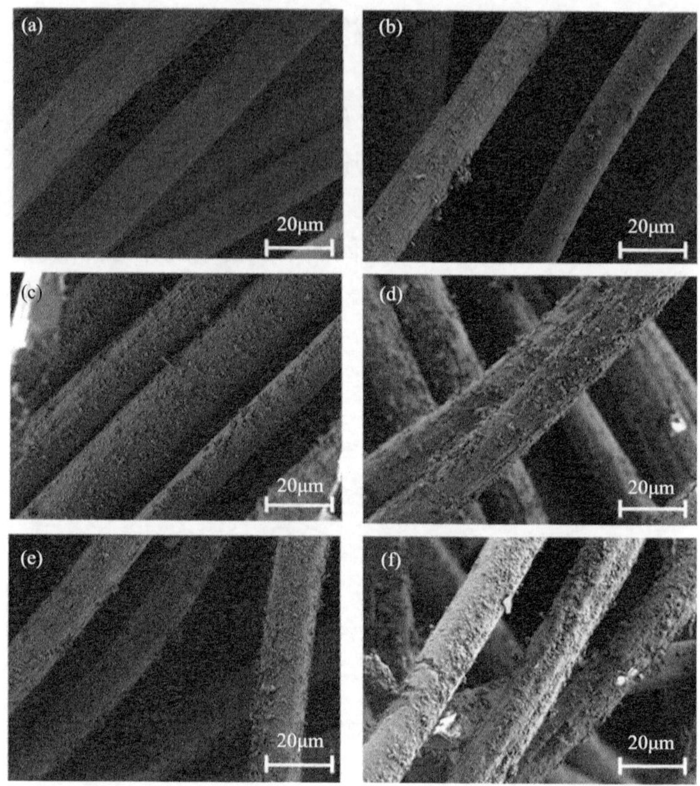

图 9-7　芳纶滤料以及不同反应时间制备的 MnO_2-PPy/芳纶复合滤料的 SEM 图像（$KMnO_4$ 浓度为 0.05mol/L，硫酸浓度为 1mol/L）

(a)芳纶滤料；(b)10min；(c)20 min；(d)30 min；(e)40 min；(f)50 min

综上所述，制备的最佳反应条件为 0.05mol/L $KMnO_4$、1mol/L 硫酸、30min 的反应时间。

9.3.4 脱硝活性测试

图 9-8 显示了在 $KMnO_4$ 浓度为 0.05mol/L、硫酸浓度为 1mol/L、反应时间为 30min 的条件下制备得到的 MnO_2-PPy/芳纶复合滤料的

脱硝性能。从图中可以看出，复合滤料的 NO 转化率随着温度的升高而增大。80℃时，NO 转化率为 31.5%，温度继续上升至 180℃时，NO 转化率随之上升至 74.75%。在吡咯聚合的过程中，高锰酸钾被还原成 MnO_2 而插入到聚吡咯高分子链中，因为吡咯已通过预处理均匀分布在纤维表面，所以高锰酸钾在原位氧化聚合吡咯单体时，随之生成的 MnO_2 就能均匀且牢固地分布于纤维表面。这与前面的 SEM 表征结果相一致。良好的分散性使得催化剂活性位点均匀分布，这使得复合滤料呈现出良好的脱硝活性。

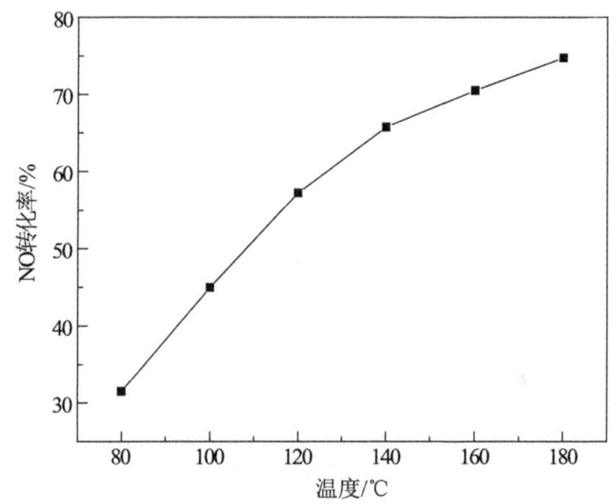

图 9-8　MnO_2-PPy/芳纶复合滤料的脱硝活性

9.3.5　X 射线衍射分析

图 9-9 为芳纶滤料和 MnO_2-PPy/芳纶复合滤料的 XRD 谱图。对比 a、b 两条谱线可以发现，MnO_2-PPy/芳纶复合滤料与未进行负载的芳纶滤料的出峰位置基本一致，只是峰强度有所减弱，这说明 MnO_2/PPy 已经成功包覆在了芳纶纤维表面。同时，在图 9-9(b) 曲线上观察不到 MnO_2 的衍射峰，说明 MnO_2 颗粒呈无定形结构。

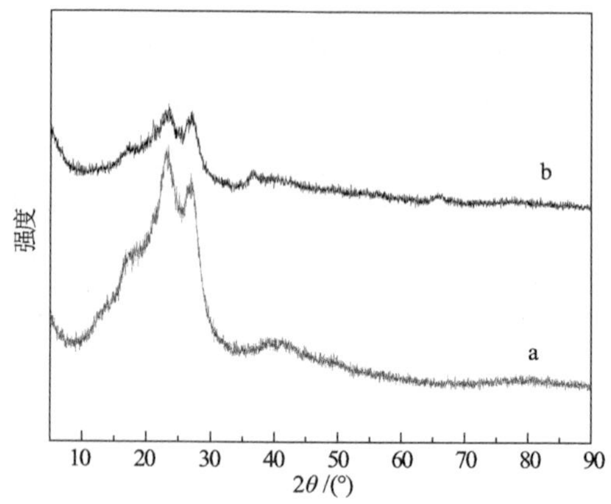

图 9-9　芳纶滤料(a)和 MnO_2-PPy/芳纶复合滤料(b)的 XRD 谱图

9.3.6 能谱仪测试分析

为了进一步验证 MnO_2 催化剂在芳纶滤料纤维表面的分散性，对图 9-10(a)区域的元素分布进行了分析。从图 9-10(e)的能谱图可知，纤维表面可检测到 Mn、C、O 三种元素，且它们的含量分别为 32.91%、26.49%、40.60%，但因为 EDS 无法显示 N 元素的分布谱图，故无法确定 PPy 的含量及分布情况。这证明了原位聚合法已经成功地使氧化物负载到芳纶滤料纤维表面。从元素分布图可以看出，Mn、C、O 三种元素在芳纶滤料上的分布较为均匀，证明了 MnO_2 在芳纶纤维上分散均匀，使得 MnO_2-PPy/芳纶复合滤料具有较好的脱硝活性。

9.3.7 热重分析

通过芳纶滤料与 MnO_2-PPy/芳纶复合滤料的热重分析曲线(图 9-11)可看出，室温～100℃两者的失重率大约为 3%，引起质量损失的主要原因是芳纶滤料所含外在水和内在水的挥发，这属于芳纶滤料的干燥阶段[93]。在小于 400℃的温度下，两者的热重曲线基本重合，且除了水分干燥所引起的损失之外质量几乎没有损失，这说明经过酸性高锰酸钾处理之后的芳纶滤料其结构并没有发生很大的变化，具有较好的热稳定性，仍然能够适应烟气处理的温度条件(140～200℃)。

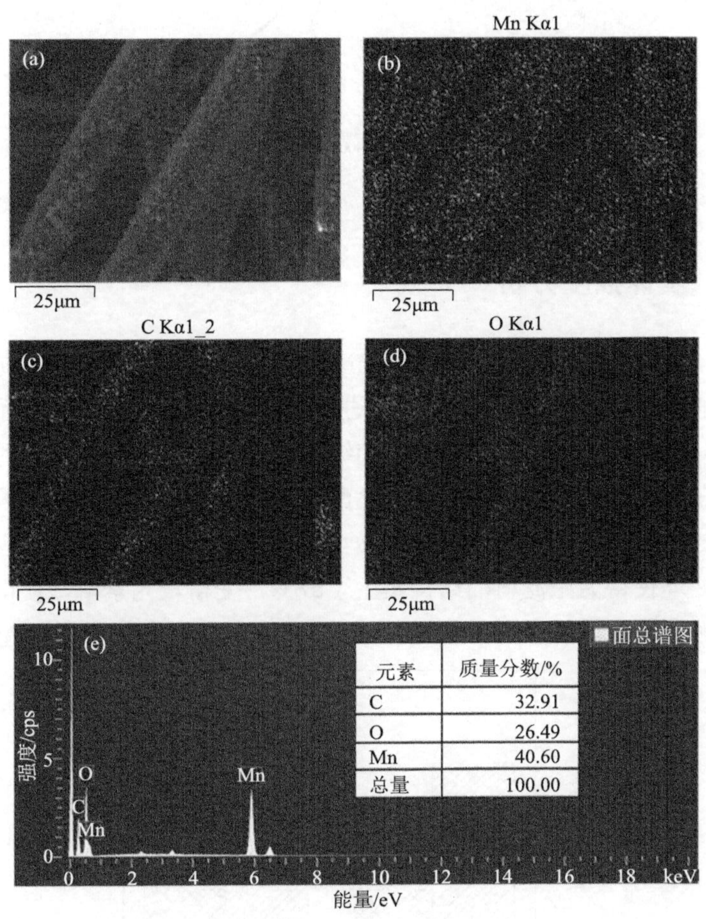

图 9-10　MnO_2-PPy/芳纶纤维表面(a)的 Mn(b)、C(c)及 O(d)元素分布谱图和能谱图(e)

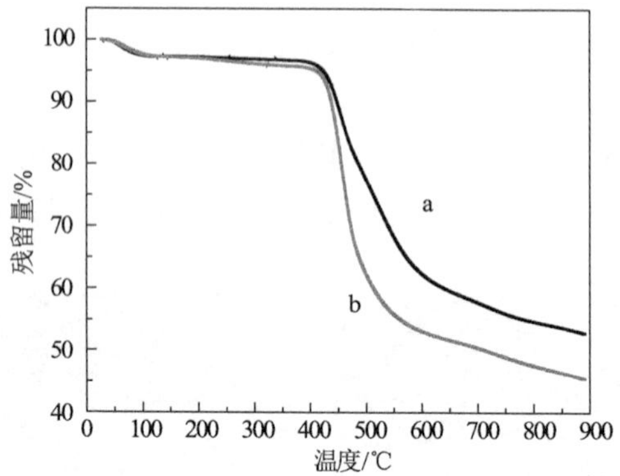

图 9-11　芳纶滤料(a)和 MnO_2-PPy/芳纶复合滤料(b)的热重分析曲线

9.3.8 拉伸强度分析

图 9-12 给出了芳纶滤料和 MnO_2-PPy/芳纶复合滤料的横向和纵向拉伸强度柱状图。相比于未进行处理的原始芳纶滤料而言，MnO_2-PPy/芳纶复合滤料的横向和纵向拉伸强度均出现了微小增大，说明在最佳制备条件下的酸性高锰酸钾溶液并不会破坏芳纶纤维的高分子链结构。另外，拉伸强度的微小增大可能是由于在反应过程中，超声处理使得芳纶滤料的结构发生了改变，变得较为紧密，使得纤维间的缠绕作用增加；也可能是 MnO_2/PPy 复合物的包覆作用引起的。

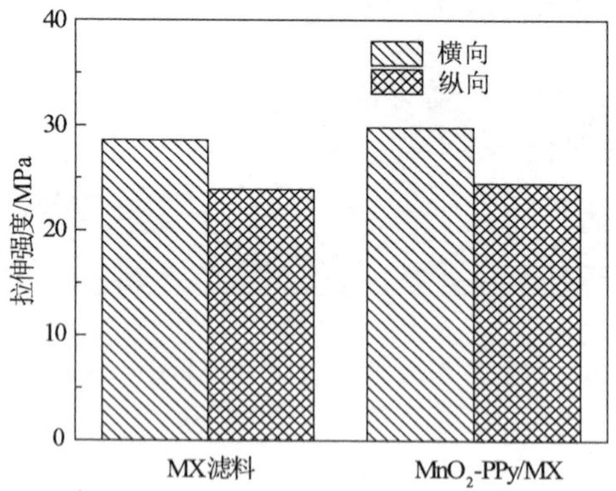

图 9-12　芳纶滤料和 MnO_2-PPy/芳纶复合滤料的拉伸强度柱状图

9.3.9 结合强度测试

为了探究制备得到的 MnO_2-PPy/芳纶复合滤料中 MnO_2-PPy 与芳纶滤料的结合强度，将 MnO_2-PPy/芳纶复合滤料置于 2000mL/min 的强气流下观察负载量随时间的变化情况，结果如图 9-13 所示。由图可以看出，复合滤料的质量损失主要发生在测试开始的前 2h 内，后面 3h 内质量几乎没有损失，且质量损失很少，约为 $0.5g/m^2$。这说明复合滤料中，MnO_2-PPy 与芳纶滤料的结合强度较大，基本能够满足实际工况需要。在制备过程中，吡咯预先通过浸渍-挥发溶剂的方法均匀吸附在纤维表面，且吡咯不溶于酸性高锰酸钾水溶液，聚合反应直接在纤维与溶液间的界面发生，同时高锰酸钾被还原成 MnO_2 并插入到聚吡咯高分子链中。因此，MnO_2 被聚吡咯膜均匀且牢固地包覆在纤维表面，不容易脱落。

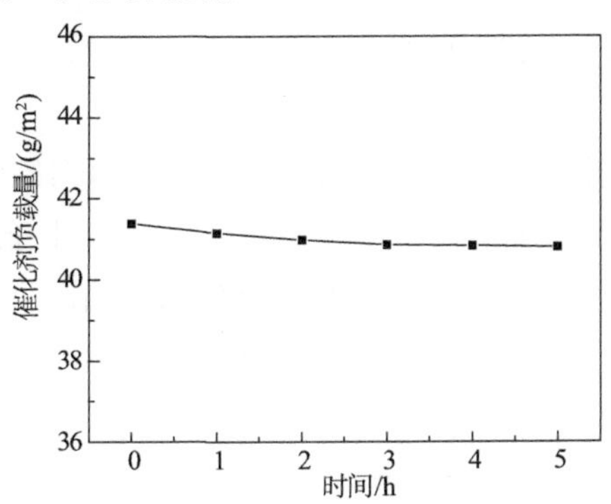

图 9-13 MnO_2-PPy/芳纶复合滤料的负载量随时间的变化

9.3.10 透气性能测试

利用气体通过滤料的压降来表征其透气性，图 9-14 为芳纶滤料和 MnO_2-PPy/芳纶复合滤料的压降柱状图。芳纶滤料是由芳纶纤维针刺而成的，是单根纤维的聚集体，因此气体通过时的阻力较小，透气性良好。从图中可知，芳纶纤维的压降为 29Pa，而复合滤料的压降略有上升，为 34Pa。这可能是由于在氧化聚合的反应过程中，超声作用使得复合滤料的纤维分布变得较为紧密，但是并没有出现堵塞的情况，这能够从 SEM 图上观察到。综上，MnO_2-PPy/芳纶复合滤料的压降虽然有所上升，但是依然能够保持较好的透气性。

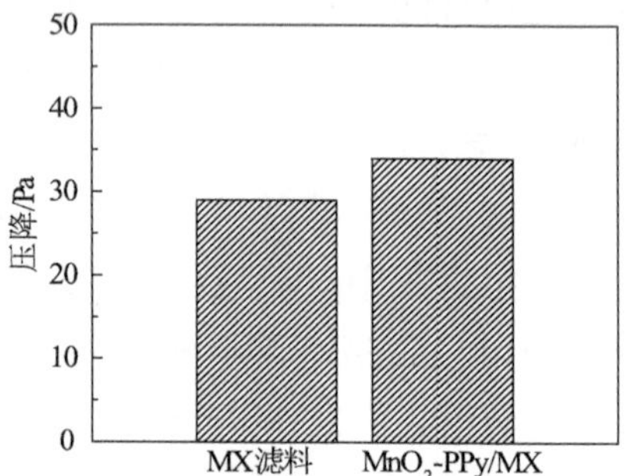

图 9-14　芳纶滤料和 MnO_2-PPy/芳纶复合滤料的压降柱状图

9.3.11 催化稳定性能测试

催化剂在使用过程中经常会因为磨损而影响催化活性，故而对 MnO_2-PPy/芳纶复合滤料在 160℃下的催化稳定性能进行了测试，其在 8h 内脱硝率随时间的变化曲线如图 9-15 所示。可以发现，复合滤料在整个测试时间内的脱硝率一直维持在 70%左右，表明该复合滤料具有很好的催化稳定性能。

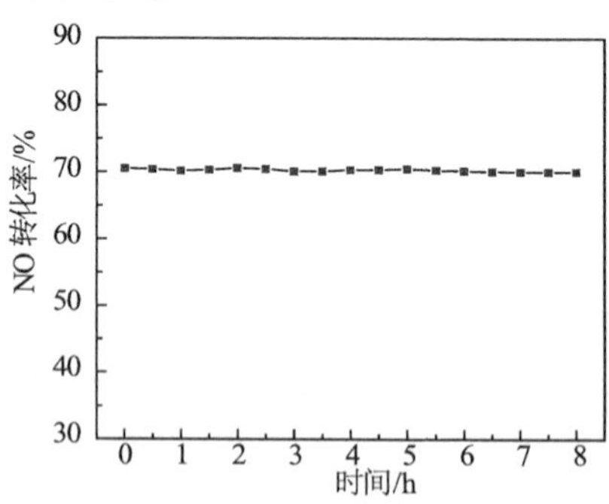

图 9-15　MnO_2-PPy/芳纶复合滤料在 160℃时的脱硝率随时间的变化

9.4 本章小结

本章首先通过浸渍-挥发溶剂的方法将吡咯单体均匀吸附在纤维表面，再采用原位聚合法制备得到 MnO_2-PPy/芳纶复合滤料。本章探讨了 $KMnO_4$ 浓度、硫酸浓度、反应时间对复合滤料脱硝活性的影响，制定了最佳反应条件；并表征分析了该条件下制备得到的复合滤料的一系列性能。

(1) 从 $KMnO_4$ 浓度对复合滤料结构和性能影响的结果发现，随着 $KMnO_4$ 溶液浓度的增加，复合滤料催化剂负载量逐渐增加，但脱硝率先增大后减小，在 $KMnO_4$ 浓度为 0.05mol/L 时达到最大值，且当高锰酸钾浓度过高时 MnO_2-PPy 包覆层出现裂纹。

从硫酸浓度对复合滤料结构和性能影响的结果发现，没有添加硫酸时，复合滤料的催化剂负载量和脱硝率都很低。添加硫酸后，复合滤料的负载量和脱硝率均急剧增加，继续增加硫酸浓度，脱硝活性不断提高，但是负载量稳定在 41g/m^2 左右。

从反应时间对复合滤料结构和性能影响的结果发现，复合滤料的脱硝率和催化剂负载量均随着反应时间的增加而逐渐增加，但时间过长，MnO_2-PPy 包覆层因为太厚而出现了剥落现象。

综上所述，最佳的反应条件为 0.05mol/L $KMnO_4$、1mol/L H_2SO_4、30min 的反应时间。

(2) 通过对复合滤料进行脱硝活性测试可知，MnO_2-PPy/芳纶复合滤料的脱硝活性随着温度的升高而升高，80℃时，NO 转化率为 31.5%，温度继续上升至 180℃时，NO 转化率随之上升至 74.75%。

(3) 通过对复合滤料进行 XRD、SEM、EDS 测试分析可知，MnO_2 成功分散在芳纶纤维表面且是以无定形形式存在的，催化剂活性位点的均匀分布使得复合滤料的催化活性良好。

(4) MnO_2-PPy/芳纶复合滤料表现出良好的牢固性能、透气性能及催化稳定性能。MnO_2催化剂是在聚吡咯的原位聚合过程中同时生成的，并被插入 PPy 基体中，PPy 对 MnO_2催化剂起黏结和分散的作用。同时热稳定性能和拉伸性能都保持得很好，满足实际使用需要。

结　论

1. 本书总结

本书在研究高效低温锰氧化物脱硝催化剂的基础上，采用多种方法制得脱硝功能聚苯硫醚复合滤料。通过 FTIR、SEM、EDS、XPS、XRD、TG 等测试手段对催化剂和复合滤料的形貌及结构进行了表征，在自制的固定床反应器上对它们的脱硝性能进行了研究，并探讨了复合滤料的结合强度、透气性能及催化稳定性能。全书总结如下：

(1) 采用高温煅烧法制备了三种 MnO_x/CNTs 脱硝催化剂，活性测试结果显示 MnO_x/CNTs 催化剂在 80～180℃的温度范围内的脱硝活性按如下顺序递减：MnO_x/CNTs-A1＞MnO_x/CNTs-A2＞MnO_x/CNTs-N1；研究发现 MnO_x/CNTs 催化剂的脱硝活性与锰氧化物的氧化态密切相关，并随着锰氧化物氧化态的降低而下降；不同热处理条件下制得的 MnO_x/CNTs 催化剂所包含的氧化态各不相同，这主要与碳纳米管和锰氧化物在煅烧过程中发生的氧化还原反应有关，煅烧温度越高，时间越长，锰氧化物越易被碳纳米管还原成低的氧化态，因此在 MnO_x/CNTs-A1 催化剂中锰氧化物主要以 MnO_2 的形式存在，MnO_x/CNTs-A2 催化剂中锰氧化物包含了 MnO_2、Mn_2O_3 和 Mn_3O_4 三种氧化态，而在 MnO_x/CNTs-N1 催化剂中的锰氧化物的主要成分是 Mn_3O_4。

(2) 采用低温液相法制备了一系列 MnO_2/CNTs 脱硝催化剂，当 Mn/C 摩尔比为 6%时，催化剂的脱硝活性最高，在 80℃时脱硝率就已超过 80%；高的锰氧化物氧化态及其无定形的结构是低温液相法制得的 MnO_2/CNTs 催化剂具有高脱硝活性的主要原因；另外，该催化剂还具有很好的稳定性和结构完整性，有利于其在聚苯硫醚滤料纤维上的负载。

(3) 采用表面活性剂分散法制备了 MnO_2/CNTs 负载量为 20g/m^2 的脱硝功能复合滤料，结果发现 MnO_2/CNTs 催化剂在 PPS 滤料上分散均匀，与纤维结合牢固，不影响滤料的透气性，但复合滤料在 180℃ 的脱硝率仅有 27%，并且催化剂的负载量受 PPS 滤料吸水性的影响而增加缓慢；采用涂覆法制备了四种脱硝功能复合滤料，发现随着 MnO_2/CNTs 负载量的增加，复合滤料的脱硝率增加，并且在复合滤料中易团聚，进而使复合滤料的结合强度下降，压降增大，另外在复合滤料表面涂覆一层聚偏氟乙烯溶液，不仅可以增加催化剂与滤料间的结合强度，还可降低复合滤料的压降，但由于催化剂的活性位点被包覆，因而脱硝率大大降低；将覆膜滤料通过抽滤法制得 MnO_2/CNTs 负载量为 80g/m^2 的脱硝功能复合滤料，结果显示 MnO_2/CNTs 催化剂在该复合滤料内部形成致密的网状结构，且与滤料结合牢固，因而复合滤料的结合强度高，但压降急剧增加，达到 377Pa，另外该法制得的复合滤料在 180℃的脱硝率为 73%，高于同等负载量下用涂覆法制得的复合滤料的脱硝率。

(4) 通过对 MnO_2/CNTs 催化剂粉末的性能进行对比，研究了 MnO_2/CNTs@PPS 脱硝功能复合滤料的催化特性。结果发现，复合滤料的脱硝性能不仅受催化剂负载量和压降的影响，还与催化剂的孔结构有关；催化剂产生的介孔越多，越有利于气体的吸附和催化，因而有利于脱硝反应，这一研究结果对制备新型高效的脱硝功能复合滤料具有重要的指导意义。

(5) 采用 2g/L 的多巴胺缓冲溶液对 PPS 滤料表面进行改性研究，结果发现以反应时间为 24h，多巴胺溶液的浓度为 2g/L 的实验条件最为合适，PPS 纤维表面可均匀地增加一定厚度的聚多巴胺包覆层，它们富含酚羟基和含氮官能团，使原本惰性的 PPS 表面被活化，并为 PPS 滤料表面进一步负载 MnO_2 催化剂奠定了基础。

(6) 利用 PPS-PDA 滤料上聚多巴胺层与二价锰离子的螯合作用，在 PPS-PDA 滤料表面原位生成 MnO_2 催化剂，制得 MnO_2/PPS-PDA 脱硝功能复合滤料，结果显示 MnO_2 催化剂在复合滤料表面具有非常好的分散性和均匀性，在 180℃脱硝率可达 62%，并且催化剂与滤料间结合牢固，另外复合滤料的透气性能测试和催化稳定性能均很好；还研究了多巴胺溶液浓度对 MnO_2/PPS-PDA 复合滤料上 MnO_2 催化剂负载量和脱硝性能的影响，结果发现复合滤料上 MnO_2 催化剂的负载量及其脱硝率均随多巴胺溶液浓度的增加而增加，但当浓度达到 2g/L 后，催化剂负载量几乎不再增加，而复合滤料的脱硝率也开始出现下降。

(7) 采用原位聚合法制得 MnO_2/PPy 复合材料包覆的脱硝功能聚苯硫醚复合滤料，研究发现复合材料的表面被一层纳米棒状的 MnO_2 催化剂包覆，它们的长度在 100nm 以下，并且在 PPS 纤维表面分散均匀；MnO_2 催化剂是在聚吡咯的原位聚合过程中同时生成的，并被插入 PPy 基体中，PPy 对 MnO_2 催化剂起黏结和分散作用；另外该复合滤料不仅低温脱硝性能很好，在 180℃时，脱硝率高达 80%，而且复合滤料的牢固性能、透气性能及催化稳定性能均非常优异。

(8) 考察了高锰酸钾溶液浓度和硫酸浓度对 MnO_2/PPy@PPS 复合滤料结构和性能的影响，结果发现复合滤料的催化剂负载量随着高锰酸钾溶液浓度的增加而增加，但脱硝率在 0.05mol/L 时达到最大值，这主要与 MnO_2/PPy 复合材料在纤维表面的包覆情况和 MnO_2 催化剂的形貌有关；另外，硫酸浓度对制备的复合滤料的脱硝率和催化剂负载量有较大影响，当反应体系中缺少硫酸时，复合滤料的催化剂负载量和脱硝率较低，在添加硫酸后，复合滤料的催化剂负载量与硫酸的浓度无关，且一直保持在 44g/m^2 左右，但脱硝率随着硫酸浓度的升高而逐渐增加，在 160℃时，最高可达 94%；拉伸强度测试显示在高浓度酸性高锰酸钾溶液中，PPS 滤料的拉伸强度出现下降，因此选择硫酸浓度为 1mol/L 较为合适。

(9)采用表面溶胶-凝胶法在 MnO_2 负载量为 $50g/m^2$ 的 MnO_2/PPS 复合滤料纤维表面包裹一层 TiO_2 凝胶膜，制得 TiO_2@MnO_2/PPS 脱硝功能复合滤料，结果显示经 TiO_2 凝胶膜包裹的脱硝功能复合滤料不仅脱硝活性增加，而且复合滤料的结合强度、透气性能及催化稳定性能都提高了；通过 NH_3 的瞬态响应实验发现，TiO_2 可提供更多的酸性位点是 MnO_2/PPS 复合滤料包裹 TiO_2 凝胶膜后脱硝性能提高的一个主要原因；另外，还考察了不同操作条件对复合滤料包裹效果的影响，发现钛酸四丁酯浓度过大或过小的包裹效果都不太理想，因此选择钛酸四丁酯浓度为 80mmol/L 并进行 3 次包裹最为合适。

(10)将 4% MnO_2/CNTs 催化剂通过超声分散负载到芳纶纤维表面初步制得催化剂负载量为 $70g/m^2$ 的 MnO_2/CNTs-芳纶复合滤料上，再利用表面溶胶-凝胶法在其上包裹一层 TiO_2 凝胶层，制得 TiO_2-MnO_2/CNTs-芳纶复合滤料。结果显示，当用浓度为 50mmol/L 的钛酸四丁酯溶液进行 2 次包裹时，得到的 TiO_2-MnO_2/CNTs-芳纶复合滤料表面形貌最佳，同时也表现出良好的脱硝活性，在 80℃时脱硝率为 34.6%，180℃时达到 77.4%。另外，相比于 MnO_2/CNTs-芳纶复合滤料，经 TiO_2 包裹后得到的 TiO_2-MnO_2/CNTs-芳纶复合滤料的结合强度、透气性能及催化稳定性提高了。

(11)通过浸渍-挥发溶剂的方法将吡咯单体均匀吸附在纤维表面，再采用原位聚合法制备得到了 MnO_2-PPy/芳纶复合滤料。通过探讨发现最佳的反应条件为 0.05mol/L $KMnO_4$、1mol/L H_2SO_4 以及 30min 的反应时间。且由该条件制备得到的 MnO_2-PPy/芳纶复合滤料的脱硝活性随着温度的升高而增大，当温度为 80℃时，NO 转化率为 31.5%，180℃时，为 74.75%。另外，MnO_2 是以无定形形式均匀分布在芳纶纤维表面的，这是复合滤料具有良好催化活性的主要原因，同时其也表现出了较好的结合强度、透气性能及催化剂稳定性。

2. 不足之处

本书采用不同方法制备了多种脱硝功能复合滤料，它们具有一定的低温脱硝性能、结合强度、透气性及催化稳定性能，受时间和设备条件的限制，本书并未开展工业小试实验，而且本书在模拟烟气成分时，并没有考虑烟气中粉尘和 SO_2 对催化剂及复合滤料脱硝性能的影响，因此本书得到的结果会与实际的工况条件下得到的结果不一样，并有一定的差距。另外，由于工况条件的恶劣性，复合滤料遭受的振动和摩擦频率很高，通过简单强气流作用来检测复合滤料催化剂的结合性还远不够，因此还需要更加有效的方法和仪器来检验复合滤料的结合强度。

众所周知，对锰氧化物催化剂进行元素掺杂可以提高它的催化活性、稳定性、抗硫抗水能力，但受时间和水平的限制，书中并没有对催化剂二元体系的负载进行研究。

参 考 文 献

[1] 袁丽欣. 大气污染的原因及治理措施探析. 科技资讯, 2012, (35): 1672-3791.

[2] 李锋. 以纳米TiO_2为载体的燃煤烟气脱硝SCR催化剂的研究. 南京: 东南大学, 2006.

[3] 秦宣仁. 中国能源可持续发展前景展望. 领导文萃, 2007, (6): 13-17.

[4] 胡勇, 李秀峰. 火电厂锅炉烟气脱硫脱硝协同控制技术研究进展和建议. 江西化工, 2011, (2): 27-31.

[5] 胡晓敏, 张博. 活性炭纤维及其在脱硫、脱氮中的应用. 河南化工, 2005, 22(3): 5-7.

[6] Taylor K C. Nitric oxide catalysis in automotive exhaust systems. Catalysis Reviews-Science and Engineering, 1993, 35(4): 457-81.

[7] Hao J, Tian H, Lu Y. Emission inventories of NO_x from commercial energy consumption in China, 1995-1998. Environmental Science & Technology, 2002, 36(4): 552-560.

[8] Smirniotis P G, Pena D A, Uphade B S. Low-temperature selective catalytic reduction (SCR) of NO with NH_3 by using Mn, Cr and Cu oxides supported on hombikat TiO_2. Angewandte Chemie International Edition, 2001, 40(13): 2479-2482.

[9] 郝吉明, 马广大. 大气污染控制工程. 北京: 高等教育出版社, 2002.

[10] 邓雅莉. 中国燃煤电厂 SCR 技术的应用现状和发展. 工业安全与环保, 2008, (2): 14-15.

[11] Wood S C. Select the right NO_x control technology. Chemical Engineering Progress, 1994, 90(1): 32-38.

[12] Liu Z M, Woo S I. Recent advances in catalytic $DeNO_x$ science and technology. Catalysis Reviews, 2006, 48(1): 43-89.

[13] 钱斌. 燃煤锅炉氮氧化物的污染及控制技术综述. 有色冶金设计与研究, 2000, 21(2): 41-46.

[14] Khodayari R, Odenbrand C. Regeneration of commercial TiO_2-V_2O_5-WO_3 SCR catalysts used in bio fuel plants. Applied Catalysis B: Environmental, 2001,

30(1-2): 87-99.

[15] Qi G, Yang R T. Low-temperature selective catalytic reduction of NO with NH_3 over iron and manganese oxides supported on titania. Applied Catalysis B: Environmental, 2003, 44(3): 217-225.

[16] Forzatti P, Nova I, Tronconi E. Enhanced NH_3 selective catalytic reduction for NO_x abatement. Angewandte Chemie, 2009, 121(44): 8516-8518.

[17] Ma Z, Yang H, Li Q, et al. Catalytic reduction of NO by NH_3 over Fe-Cu-O_x/CNTs-TiO_2 composites at low temperature. Applied catalysis A, General, 2012, 427: 43-48.

[18] Qi G, Yang R T. Performance and kinetics study for low-temperature SCR of NO with NH_3 over MnO_x-CeO_2 catalyst. Journal of Catalysis, 2003, 217(2): 434-441.

[19] 李璐, 章小林, 李小定. 氨选择性催化还原脱硝催化剂的研究进展. 氮肥技术, 2012, 33(2): 48-50.

[20] Chang H, Li J, Chen X, et al. Effect of Sn on MnO_x-CeO_2 catalyst for SCR of NO_x by ammonia: Enhancement of activity and remarkable resistance to SO_2. Catalysis Communications, 2012, 27(5): 54-57.

[21] 高翔, 杨青, 李华, 等. 低温选择性催化还原 NO_x 的研究进展. 广州化工, 2009, 37(3): 12-14.

[22] 任丙南. 选择性催化还原NO低温催化剂的制备和表征. 北京: 中国矿业大学, 2011.

[23] Qi G, Yang R T, Chang R. MnO_x-CeO_2 mixed oxides prepared by co-precipitation for selective catalytic reduction of NO with NH_3 at low temperatures. Applied Catalysis B: Environmental, 2004, 51(2): 93-106.

[24] Alemany L J, Lietti L, Ferlazzo N, et al. Reactivity and physicochemical characterization of V_2O_5-WO_3/TiO_2 De-NO_x catalysts. Journal of catalysis, 1995, 155(1): 117-130.

[25] Chen J, Yang R. Role of WO_3 in mixed V_2O_5-WO_3/TiO_2 catalysts for selective catalytic reduction of nitric oxide with ammonia. Applied Catalysis A: General, 1992, 80(1): 135-148.

[26] Tuenter G, van Leeuwen W F, Snepvangers L. Kinetics and mechanism of the NO_x reduction with NH_3 on V_2O_5-WO_3-TiO_2 catalyst. Industrial & Engineering Chemistry Product Research and Development, 1986, 25(4): 633-636.

[27] Choo S T, Yim S D, Nam I-S, et al. Effect of promoters including WO_3 and BaO on the activity and durability of V_2O_5/sulfated TiO_2 catalyst for NO reduction

by NH_3. Applied Catalysis B: Environmental, 2003, 44(3): 237-252.

[28] 黄竹青. 关于大型燃煤电站锅炉选择性催化还原脱硝技术的探讨. 中国能源, 2005, (12): 36-39.

[29] Busca G, Lietti L, Ramis G, et al. Chemical and mechanistic aspects of the selective catalytic reduction of NO_x by ammonia over oxide catalysts: A review. Applied Catalysis B: Environmental, 1998, 18(1): 1-36.

[30] Kijlstra W S, Brands D S, Poels E K, et al. Mechanism of the selective catalytic reduction of NO by NH_3 over MnO_x/Al_2O_3. Journal of Catalysis, 1997, 171(1): 208-218.

[31] Marban G, Fuertes A B. Low-temperature SCR of NO_x with NH_3 over Nomex™ rejects-based activated carbon fibre composite-supported manganese oxides: Part I. Effect of pre-conditioning of the carbonaceous support. Applied Catalysis B: Environmental, 2001, 34(1): 43-53.

[32] Marbán G, Fuertes A B. Low-temperature SCR of NO_x with NH_3 over Nomex™ rejects-based activated carbon fibre composite-supported manganese oxides: Part II. Effect of procedures for impregnation and active phase formation. Applied Catalysis B: Environmental, 2001, 34(1): 55-71.

[33] Li J, Chen J, Ke R, et al. Effects of precursors on the surface Mn species and the activities for NO reduction over MnO_x/TiO_2 catalysts. Catalysis Communications, 2007, 8(12): 1896-1900.

[34] Pan S, Luo H, Li L, et al. H_2O and SO_2 deactivation mechanism of MnO_x/MWCNTs for low-temperature SCR of NO_x with NH_3. Journal of Molecular Catalysis A: Chemical, 2013, 377: 154-161.

[35] Li P, Xin Y, Li Q, et al. Ce-Ti Amorphous oxides for selective catalytic reduction of NO with NH_3: Confirmation of Ce-O-Ti active sites. Environmental Science & Technology, 2012, 46(17): 9600-9605.

[36] Kapteijn F, Singoredjo L, Andreini A, et al. Activity and selectivity of pure manganese oxides in the selective catalytic reduction of nitric oxide with ammonia. Applied Catalysis B: Environmental, 1994, 3(2): 173-189.

[37] Singoredjo L, Korver R, Kapteijn F, et al. Alumina supported manganese oxides for the low-temperature selective catalytic reduction of nitric oxide with ammonia. Applied Catalysis B: Environmental, 1992, 1(4): 297-316.

[38] Kang M, Park E D, Kim J M, et al. Cu-Mn mixed oxides for low temperature NO reduction with NH_3. Catalysis Today, 2006, 111(3): 236-241.

[39] Guan B, Lin H, Zhu L, et al. Selective catalytic reduction of NO_x with NH_3 over

Mn, Ce substitution $Ti_{0.9}V_{0.1}O_{2-\delta}$ nanocomposites catalysts prepared by self-propagating high-temperature synthesis method. The Journal of Physical Chemistry C, 2011, 115(26): 12850-12863.

[40] Bertinchamps F, Grégoire C, Gaigneaux E M. Systematic investigation of supported transition metal oxide based formulations for the catalytic oxidative elimination of (chloro)-aromatics: Part I: Identification of the optimal main active phases and supports. Applied Catalysis B: Environmental, 2006, 66(1-2): 1-9.

[41] 焦叶凡, 王学涛, 庄沙丽, 等. Mn 系复合金属氧化物低温烟气脱硝催化剂研究进展. 锅炉技术, 2012, 43(5): 66-69.

[42] Tang X, Hao J, Xu W, et al. Low temperature selective catalytic reduction of NO_x with NH_3 over amorphous MnO_x catalysts prepared by three methods. Catalysis Communications, 2007, 8(3): 329-334.

[43] Kang M, Yeon T H, Park E D, et al. Novel MnO_x catalysts for NO reduction at low temperature with ammonia. Catalysis Letters, 2006, 106(1-2): 77-80.

[44] Peng Y, Liu Z, Niu X, et al. Manganese doped CeO_2-WO_3 catalysts for the selective catalytic reduction of NO_x with NH_3: An experimental and theoretical study. Catalysis Communications, 2012, 19(Complete): 127-131.

[45] Zamudio M A, Russo N, Fino D. Low temperature NH_3 selective catalytic reduction of NO_x over substituted $MnCr_2O_4$ spinel-oxide catalysts. Industrial & Engineering Chemistry Research, 2011, 50(11): 6668-6672.

[46] 唐晓龙. 低温选择性催化还原 NO_x 技术及反应机理. 北京: 冶金工业出版社, 2007: 92-131.

[47] Pena D A, Uphade B S, Smirniotis P G. TiO_2-supported metal oxide catalysts for low-temperature selective catalytic reduction of NO with NH_3: I. Evaluation and characterization of first row transition metals. Journal of Catalysis, 2004, 221(2): 421-431.

[48] Ettireddy P R, Ettireddy N, Mamedov S, et al. Surface characterization studies of TiO_2 supported manganese oxide catalysts for low temperature SCR of NO with NH_3. Applied Catalysis B: Environmental, 2007, 76(1): 123-134.

[49] 赵崇斌, 杨杭生, 周环, 等. TiO_2 纳米管阵列负载 MnO_x 复合催化剂的脱硝性能. 催化学报, 2011, 32(4): 666-671.

[50] 黄海凤, 张峰, 卢晗锋, 等. 制备方法对低温 NH_3-SCR 脱硝催化剂 MnO_x/TiO_2 结构与性能的影响. 化工学报, 2010, 61(1): 80-85.

[51] Jiang B, Liu Y, Wu Z. Low-temperature selective catalytic reduction of NO on

MnO_x/TiO_2 prepared by different methods. Journal of Hazardous Materials, 2009, 162(2): 1249-1254.

[52] Kim Y J, Kwon H J, Nam I-S, et al. High de NO_x performance of Mn/TiO_2 catalyst by NH_3. Catalysis Today, 2010, 151(3): 244-250.

[53] Zhang Y, Zhao X, Xu H, et al. Novel ultrasonic-modified MnO/TiO_2 for low-temperature selective catalytic reduction (SCR) of NO with ammonia. Journal of Colloid and Interface Science, 2011, 361(1): 212-218.

[54] Thirupathi B, Smirniotis P G. Co-doping a metal (Cr, Fe, Co, Ni, Cu, Zn, Ce, and Zr) on Mn/TiO_2 catalyst and its effect on the selective reduction of NO with NH_3 at low-temperatures. Applied Catalysis B: Environmental, 2011, 110: 195-206.

[55] Wu Z, Jin R, Liu Y, et al. Ceria modified MnO_x/TiO_2 as a superior catalyst for NO reduction with NH_3 at low-temperature. Catalysis Communications, 2008, 9(13): 2217-2220.

[56] 李小海, 张舒乐, 钟秦. 铈掺杂 Mn/TiO_2 催化氧化 NO 的性能. 化工进展, 2011, 30(7): 1503-1508.

[57] Thirupathi B, Smirniotis P G. Nickel-doped Mn/TiO_2 as an efficient catalyst for the low-temperature SCR of NO with NH_3: Catalytic evaluation and characterizations. Journal of Catalysis, 2012, 288: 74-83.

[58] 黄荣, 黄碧纯, 叶代启. 碳基催化剂低温选择性催化还原氮氧化物的研究进展. 广州环境科学, 2007, 22(1): 1-4.

[59] Rodriguez N M, Kim M-S, Baker R T K. Carbon nanofibers: a unique catalyst support medium. The Journal of Physical Chemistry, 1994, 98(50): 13108-13111.

[60] Auer E, Freund A, Pietsch J, et al. Carbons as supports for industrial precious metal catalysts. Applied Catalysis A: General, 1998, 173(2): 259-271.

[61] Marbán G, Antuña R, Fuertes A B. Low-temperature SCR of NO_x with NH_3 over activated carbon fiber composite-supported metal oxides. Applied Catalysis B: Environmental, 2003, 41(3): 323-338.

[62] Kijlstra W S, Biervliet M, Poels E K, et al. Deactivation by SO_2 of MnO_x/Al_2O_3 catalysts used for the selective catalytic reduction of NO with NH_3 at low temperatures. Applied Catalysis B: Environmental, 1998, 16(4): 327-337.

[63] 沈伯雄, 郭宾彬, 吴春飞, 等. MnO_x/ACF 低温选择性催化还原烟气中的 NO. 环境污染与防治, 2006, 28(11): 801-803.

[64] 沈伯雄, 史展亮, 施建伟, 等. 基于 $Mn-CeO_x/ACFN$ 的低温 SCR 脱硝. 化工进展, 2008, 27(1): 87-91.

[65] 纪辛，黄碧纯，徐雪梅，等. M_xO_y/碳纳米管的低温选择性催化还原脱硝性能研究. 环境污染与防治, 2010, 32(6): 36-41.

[66] Wang L, Huang B, Su Y, et al. Manganese oxides supported on multi-walled carbon nanotubes for selective catalytic reduction of NO with NH_3: Catalytic activity and characterization. Chemical Engineering Journal, 2012, 192: 232-241.

[67] Su Y, Fan B, Wang L, et al. MnO_x supported on carbon nanotubes by different methods for the SCR of NO with NH_3. Catalysis Today, 2013, 201: 115-121.

[68] Fan X, Qiu F, Yang H, et al. Selective catalytic reduction of NO_x with ammonia over Mn-Ce-O_x/TiO_2-carbon nanotube composites. Catalysis Communications, 2011, 12(14): 1298-1301.

[69] Fang C, Zhang D, Cai S, et al. Low-temperature selective catalytic reduction of NO with NH_3 over nanoflaky MnO_x on carbon nanotubes in situ prepared via a chemical bath deposition route. Nanoscale, 2013, 5(19): 9199-9207.

[70] Zhou G, Zhong B, Wang W, et al. *In situ* DRIFTS study of NO reduction by NH_3 over Fe-Ce-Mn/ZSM-5 catalysts. Catalysis Today, 2011, 175(1): 157-163.

[71] Richter M, Trunschke A, Bentrup U, et al. Selective catalytic reduction of nitric oxide by ammonia over egg-shell MnO_x/NaY composite catalysts. Journal of Catalysis, 2002, 206(1): 98-113.

[72] Tang X, Hao J, Yi H, et al. Low-temperature SCR of NO with NH_3 over AC/C supported manganese-based monolithic catalysts. Catalysis Today, 2007, 126(3): 406-411.

[73] 严长勇，沈恒根. 袋式除尘用过滤材料的性能测试与对比. 工业安全与环保, 2006, 32(1): 3-5.

[74] 张鹏峰. 袋式除尘器过滤性能的研究. 上海: 东华大学, 2005.

[75] 王玉华. 两种滤料耐腐蚀性研究. 沈阳: 东北大学, 2005.

[76] 李熙，靳双林. PPS 纤维及其在袋式除尘领域的应用. 产业用纺织品，2007, (4): 1-4.

[77] 王华英. 过滤材料对 PM10 的过滤性能研究. 上海: 东华大学, 2004.

[78] 杜柳柳. 袋式除尘器用 PTFE 复合滤料性能的试验研究. 上海: 东华大学, 2008.

[79] 范晓玲 郭秉臣，刘书平. 新型耐高温滤料的研制. 产业用纺织品，2001, (10): 24-27.

[80] 张卫东 苏海佳，高坚. 袋式除尘器及其滤料的发展. 化工进展，2003, 22(4): 380-384.

[81] 范晓玲, 郭秉臣. 新型耐高温滤料用纤维. 北京纺织, 2001, 22(4): 40-46.
[82] 蔡伟龙, 罗祥波, 洪丽美, 等. 燃煤电厂锅炉袋除尘器用 PPS 滤料失效原因分析. 中国环保产业, 2010, (1): 48-50.
[83] 包林初. PPS(RYTON)针刺滤料的研制和应用. 产业用纺织品, 2002, (1): 18-22.
[84] 富醇熹. 双向拉伸 PPS 薄膜. 化工新型材料, 1993, (12): 36-39.
[85] 崔小明. 聚苯硫醚的生产应用及市场前景. 合成材料老化与应用, 2001, (4): 40-43.
[86] 李利君, 蒲宗耀, 李风, 等. PPS 非织造织物与 Nomex 织物热稳定性与燃烧性能对比. 产业用纺织品, 2009, (10): 27-31.
[87] 庄玉玲. 氧气对 PPS 滤料性能的影响试验研究. 安全与环境工程, 2010, 17(2): 113-118.
[88] 庄玉玲. PPS 滤料在 SO_2 气体作用下的耐腐蚀性研究. 安全与环境学报, 2008, 8(1): 51-55.
[89] 陈强, 沈恒根, 李华. 覆膜滤料与常规滤料的性能测试及比较. 电力环境保护, 2005, 21(2): 30-32.
[90] 严长勇, 沈恒根. 常规滤料与覆膜滤料的性能测试与对比. 中国环保产业, 2005, (10): 15-17.
[91] 杜柳柳. 袋式除尘器用 PTFE 复合滤料性能的试验研究. 上海: 东华大学, 2008.
[92] 翟卫中. PPS 表面覆膜滤料和渗透式覆膜滤料的比较. 产业用纺织品, 2007, (10): 41-43.
[93] 薛刚 郑淑琴, 董洪君. 聚四氟乙烯微孔薄膜的制作及其在袋式除尘领域中的应用. 产业用纺织品, 2001, 19(7): 26-34.
[94] 吴军平. 水泥工业 PM2.5 粉尘的危害及排放控制. 新世纪水泥导报, 2011, 5(5): 18-20.
[95] 陈亏, 高晶, 俞建勇, 等. 玻璃纤维/PTFE 高温热压覆膜滤料的发展现状. 产业用纺织品, 2010, (2): 1-5.
[96] Saracco G, Montanaro L. Catalytic ceramic filters for flue gas cleaning. 1. Preparation and characterization. Industrial & Engineering Chemistry Research, 1995, 34(4): 1471-1479.
[97] Saracco G, Specchia S, Specchia V. Catalytically modified fly-ash filters for NO_x reduction with NH_3. Chemical Engineering Science, 1996, 51(24): 5289-5297.
[98] Fino D, Russo N, Saracco G, et al. A multifunctional filter for the simultaneous removal of fly-ash and NO_x from incinerator flue gases. Chemical engineering

science, 2004, 59(22): 5329-5336.

[99] Weber R, Plinke M, Xu Z, et al. Destruction efficiency of catalytic filters for polychlorinated dibenzo-p-dioxin and dibenzofurans in laboratory test and field operation insight into destruction and adsorption behavior of semivolatile compounds. Applied Catalysis B: Environmental, 2001, 31(3): 195-207.

[100] 孙宏. 戈尔 Remedia 二噁英催化过滤技术在现代化垃圾焚烧工业中的应用. 发电设备, 2004, (6): 343-345.

[101] Dvořák R, Chlápek P, Hanák L, et al. Catalytic filtration of flue gases polluted by NO_x. Chemical Engineering, 2010, 21: 799-804.

[102] Park Y-O, Lee K-W, Rhee Y-W. Removal characteristics of nitrogen oxide of high temperature catalytic filters for simultaneous removal of fine particulate and NO_x. Journal of Industrial and Engineering Chemistry, 2009, 15(1): 36-39.

[103] 王敏. 滤布负载 MnO_x 低温 NH_3-SCR 脱硝实验研究. 济南: 山东大学, 2012.

[104] 蔡伟龙, 郑玉婴, 肖向荣. 聚酰亚胺/聚四氟乙烯复合滤料的发泡涂层性能. 纺织学报, 2011, (4): 29-32.

[105] Tian W, Yang H, Fan X, et al. Catalytic reduction of NO_x with NH_3 over different-shaped MnO_2 at low temperature. Journal of Hazardous Materials, 2011, 188(1-3): 105-109.

[106] Yoshikawa M, Yasutake A, Mochida I. Low-temperature selective catalytic reduction of NO_x by metal oxides supported on active carbon fibers. Applied Catalysis A: General, 1998, 173(2): 239-245.

[107] Kapteijn F, Vanlangeveld A D, Moulijn J A, et al. Alumina-supported manganese oxide catalysts: I. Characterization: effect of precursor and loading. Journal of Catalysis, 1994, 150(1): 94-104.

[108] Qi G, Yang R T. A superior catalyst for low-temperature NO reduction with NH_3. Chemical Communications, 2003, (7): 848-849.

[109] Wu Z, Tang N, Xiao L, et al. MnO_x/TiO_2 composite nanoxides synthesized by deposition-precipitation method as a superior catalyst for NO oxidation. Journal of Colloid and Interface Science, 2010, 352(1): 143-148.

[110] Yao Y, Zhang S, Zhong Q, et al. Low-temperature selective catalytic reduction of NO over manganese supported on TiO_2 nanotubes. Journal of Fuel Chemistry and Technology, 2011, 39(9): 694-701.

[111] 李文震, 梁长海, 辛勤. 新型碳纳米材料在低温燃料电池催化剂中的应用.

催化学报, 2004, (10): 839-843.

[112] Planeix J, Coustel N, Coq B, et al. Application of carbon nanotubes as supports in heterogeneous catalysis. Journal of the American Chemical Society, 1994, 116(17): 7935-7936.

[113] Huang B, Huang R, Jin D, et al. Low temperature SCR of NO with NH_3 over carbon nanotubes supported vanadium oxides. Catalysis Today, 2007, 126(3-4): 279-283.

[114] Georgakilas V, Tzitzios V, Gournis D, et al. Attachment of magnetic nanoparticles on carbon nanotubes and their soluble derivatives. Chemistry of materials, 2005, 17(7): 1613-1617.

[115] 吕瑞涛, 黄正宏, 康飞宇. 金属填充碳纳米管的制备研究进展. 材料科学与工程学报, 2006, 24(5): 772-777.

[116] 王聪, 梁肖敬, 卫巍, 等. Cu 修饰碳纳米管基复合材料的高效合成及其催化应用研究. 厦门大学学报(自然科学版), 2011, 5(6): 958-962.

[117] Hu L, Pasta M, Mantia F L, et al. Stretchable, porous, and conductive energy textiles. Nano letters, 2010, 10(2): 708-714.

[118] Geng H Z, Kim K K, So K P, et al. Effect of acid treatment on carbon nanotube-based flexible transparent conducting films. Journal of the American Chemical Society, 2007, 129(25): 7758-7759.

[119] Nasibulin A G, Kaskela A, Mustonen K, et al. Multifunctional free-standing single-walled carbon nanotube films. Acs Nano, 2011, 5(4): 3214-3221.

[120] 杨振平. 碳纳米管的纯化. 杭州化工, 2006, 36(3): 16-19.

[121] 曾双双, 郑明森, 董全峰. 直接还原高锰酸钾制备 CNT/MnO_2 复合材料. 电池, 2010, 40(3): 121-123.

[122] 王美佳, 刘敏, 王连英, 等. 功能化多壁碳纳米管的光电性质. 应用化学, 2003, 20(4): 318-322.

[123] 罗瑶, 李彩亭, 路培, 等. 新型 MnO_x/CNTs 催化剂低温选择性催化还原 NO. 环境工程学报, 2009, 3(10): 1844-1847.

[124] Strohmeier B R, Hercules D M. Surface spectroscopic characterization of manganese/aluminum oxide catalysts. The Journal of Physical Chemistry, 1984, 88(21): 4922-4929.

[125] Bai S, Zhao J, Wang L, et al. Study of low-temperature selective catalytic reduction of NO by ammonia over carbon-nanotube-supported vanadium. Journal of Fuel Chemistry and Technology, 2009, 37(5): 583-587.

[126] Chen X, Gao S, Wang H, et al. Selective catalytic reduction of NO over carbon

nanotubes supported CeO_2. Catalysis Communications, 2011, 14(1): 1-5.

[127] Zhang D, Zhang L, Fang C, et al. MnO_x-CeO_x/CNTs pyridine-thermally prepared via a novel *in situ* deposition strategy for selective catalytic reduction of NO with NH_3. RSC Advances, 2013, 3(23): 8811-8819.

[128] Zhang D, Zhang L, Shi L, et al. *In situ* supported MnO_x-CeO_x on carbon nanotubes for the low-temperature selective catalytic reduction of NO with NH_3. Nanoscale, 2013, 5(3): 1127-1136.

[129] Li Q, Liu J, Zou J, et al. Synthesis and electrochemical performance of multi-walled carbon nanotube/polyaniline/MnO_2 ternary coaxial nanostructures for supercapacitors. Journal of Power Sources, 2011, 196(1): 565-572.

[130] Tian W, Yang H, Fan X, et al. Catalytic reduction of NO_x with NH_3 over different-shaped MnO_2 at low temperature. Journal of Hazardous Materials, 2011, 188(1-3): 105-109.

[131] Pourkhalil M, Zarringhalam Moghaddam A, Rashidi A, et al. Synthesis of MnO_x/Oxidized- MWNTs for abatement of nitrogen oxides. Catalysis Letters, 2013, 143(2): 184-192.

[132] Fang C, Zhang D, Shi L Y, et al. Highly dispersed CeO_2 on carbon nanotubes for selective catalytic reduction of NO with NH_3. Catalysis Science & Technology, 2013, (3): 803-811.

[133] 杨文彬，芦艾，张凌，等. 聚苯硫醚的纯化研究进展. 现代化工，2007, (S1): 126-128.

[134] Yang Q H, Hou P X, Bai S, et al. Adsorption and capillarity of nitrogen in aggregated multi-walled carbon nanotubes. Chemical physics letters, 2001, 345(1): 18-24.

[135] Kang M, Park E D, Kim J M, et al. Simultaneous removal of particulates and NO by the catalytic bag filter containing MnO_x catalysts. Korean Journal of Chemical Engineering, 2009, 26(1): 86-89.

[136] 娄可宾，沈恒根，杜柳柳. 燃煤锅炉用高温滤料研究与应用. 工业安全与环保, 2007, 33(4): 16-19.

[137] 刘建兵，薛东娥. 大气污染的防治对策. 中国市场, 2011, (48): 151-153.

[138] 杜付. 袋式除尘器应用实例及其发展前景. 通用机械, 2006, (8): 48-50.

[139] 包林初. PPS 针刺滤料及其在焚烧炉尾气处理中的应用. 产业用纺织品，2006, (5): 32-38.

[140] 赵雪曼，赵萌. 等离子体处理对聚苯硫醚纤维性能的影响. 棉纺织技术，2010, (5): 5-8.

[141] 赵萌, 杨建忠. 低温等离子处理对聚苯硫醚纤维表面黏结性能改善的可行性分析. 化纤与纺织技术, 2008, (4): 30-33.
[142] 陈平, 李虹, 王静, 等. 等离子体技术对高性能有机纤维表面改性的研究. 纤维复合材料, 2008, (3): 21-26.
[143] 林雅莉, 孙元, 邓新华. 磺化反应改善 PPS 非织毡亲水性的研究. 天津工业大学学报, 2005, 24(2): 58-60.
[144] 江雪梅, 杨建忠. 聚苯硫醚纤维表面低温等离子体改性. 产业用纺织品, 2007, (9): 37-39.
[145] 郑玉婴, 刘清, 汪谢. 聚苯硫醚滤料的预处理及其 SCR 的催化活性. 高分子材料科学与工程, 2012, (11): 89-91.
[146] Zhao W, Zhu L, Lu Y, et al. Magnetic nanoparticles decorated multi-walled carbon nanotubes by bio-inspired poly (dopamine) surface functionalization. Synthetic Metals, 2013, 169: 59-63.
[147] Lee H, Dellatore S M, Miller W M, et al. Mussel-inspired surface chemistry for multifunctional coatings. Science, 2007, 318(5849): 426-430.
[148] Yang S H, Kang S M, Lee K-B, et al. Mussel-inspired encapsulation and functionalization of individual yeast cells. Journal of the American Chemical Society, 2011, 133(9): 2795-2797.
[149] Ryu J, Ku S H, Lee H, et al. Mussel inspired polydopamine coating as a universal route to hydroxyapatite crystallization. Advanced Functional Materials, 2010, 20(13): 2132-2139.
[150] Hong S, Kim K Y, Wook H J, et al. Attenuation of the *in vivo* toxicity of biomaterials by polydopamine surface modification. Nanomedicine, 2011, 6(5): 793-801.
[151] Jiang J, Zhu L, Zhu L, et al. Surface characteristics of a self-polymerized dopamine coating deposited on hydrophobic polymer films. Langmuir, 2011, 27(23): 14180-14187.
[152] Zhu L, Lu Y, Wang Y, et al. Preparation and characterization of dopamine-decorated hydrophilic carbon black. Applied Surface Science, 2012, 258(14): 5387-5393.
[153] 许春花. 多巴胺表面修饰制备 SiO_2/Ag 纤维复合材料的研究. 北京: 北京化工大学, 2012.
[154] Zhang L, Wu J, Wang Y, et al. Combination of bioinspiration: A general route to superhydrophobic particles. Journal of the American Chemical Society, 2012, 134(24): 9879-9981.

[155] Wang J, Xiao L, Zhao Y, et al. A facile surface modification of Nafion membrane by the formation of self-polymerized dopamine nano-layer to enhance the methanol barrier property. Journal of Power Sources, 2009, 192(2): 336-343.

[156] Wei Q, Zhang F, Li J, et al. Oxidant-induced dopamine polymerization for multifunctional coatings. Polymer Chemistry, 2010, 1(9): 1430-1433.

[157] Xi Z, Xu Y, Zhu L, et al. A facile method of surface modification for hydrophobic polymer membranes based on the adhesive behavior of poly (DOPA) and poly (dopamine). Journal of Membrane Science, 2009, 327(1): 244-253.

[158] 石雪. 纳米银在织物表面的原位还原及其抗菌效果的研究. 上海: 东华大学, 2010.

[159] 程文建. 聚酯纤维的多巴胺仿生修饰及其复合材料的研究. 北京: 北京化工大学, 2012.

[160] 王正熙. 聚合物红外光谱分析和鉴定. 成都: 四川大学出版社, 1989.

[161] 何国仁, 曾汉民, 胡江滨, 等. 不同氧化处理的聚苯硫醚结构和性能. 高分子材料科学与工程, 1986, (6): 16-21.

[162] Alongi J, Carletto R A, Di Blasio A, et al. DNA: a novel, green, natural flame retardant and suppressant for cotton. Journal of Material Chemistry A, 2013, 1(15): 4779-4785.

[163] Wang X, Li Y. Selected-control hydrothermal synthesis of α-and β-MnO_2 single crystal nanowires. Journal of the American Chemical Society, 2002, 124(12): 2880-2881.

[164] Dong X, Shen W, Gu J, et al. MnO_2-embedded-in-mesoporous-carbon-wall structure for use as electrochemical capacitors. The Journal of Physical Chemistry B, 2006, 110(12): 6015-6019.

[165] Jin X, Zhou W, Zhang S, et al. Nanoscale microelectrochemical cells on carbon nanotubes. Small, 2007, 3(9): 1513-1517.

[166] Yang J, Zou L, Song H. Preparing MnO_2/PSS/CNTs composite electrodes by layer-by-layer deposition of MnO_2 in the membrane capacitive deionisation. Desalination, 2012, 286(0): 108-114.

[167] Luo J, Zhu H, Fan H, et al. Synthesis of single-crystal tetragonal α-MnO_2 nanotubes. The Journal of Physical Chemistry C, 2008, 112(33): 12594-12598.

[168] Wang X, Li Y. Rational synthesis of α-MnO_2 single-crystal nanorods. Chemical

Communications, 2002, (7): 764-765.

[169] Li Q, Liu J, Zou J, et al. Synthesis and electrochemical performance of multi-walled carbon nanotube/polyaniline/MnO_2 ternary coaxial nanostructures for supercapacitors. Journal of Power Sources, 2011, 196(1): 565-572.

[170] 李亮，李兰艳，王牌. 聚吡咯/二氧化锰复合材料的合成与性能. 武汉工程大学学报, 2013, (3): 43-47.

[171] Sharma R, Rastogi A, Desu S. Manganese oxide embedded polypyrrole nanocomposites for electrochemical supercapacitor. Electrochimica Acta, 2008, 53(26): 7690-7695.

[172] He M, Zheng Y, Du Q. Three-dimension polypyrrole/MnO_2 composite networks deposited on graphite felt as free-standing electrode for supercapacitors. Materials Letters, 2013, 104(2013): 159-161.

[173] Wang J, Yang Y, Huang Z H, et al. Rational synthesis of MnO_2/conducting polypyrrole@ carbon nanofibers triaxial nano-cables for high-performance supercapacitor. Journal of Materials Chemistry, 2012, 22(2012): 16943-16949.

[174] 于艳科，何炽，陈进生，等. 电厂烟气脱硝催化剂 V_2O_5-WO_3/TiO_2 失活机理研究. 燃料化学学报, 2012, (11): 1359-1365.

[175] Xue M, Huang L, Wang J-Q, et al. The direct synthesis of mesoporous structured MnO_2/TiO_2 nanocomposite: A novel visible-light active photocatalyst with large pore size. Nanotechnology, 2008, 19(18): 185-194.

[176] Imai H, Matsuta M, Shimizu K, et al. Preparation of TiO_2 fibers withwell-organized structures. J Mater Chem, 2000, 10(9): 2005-2006.

[177] Caruso R A. Micrometer to nanometer replication of hierarchical structures by using a surface Sol-Gel process. Angewandte Chemie International Edition, 2004, 43(21): 2746-2748.

[178] Huang J, Kunitake T. Nano-precision replication of natural cellulosic substances by metal oxides. Journal of the American Chemical Society, 2003, 125(39): 11834-11835.

[179] Huang J, Ichinose I, Kunitake T. Nanocoating of natural cellulose fibers with conjugated polymer: Hierarchical polypyrrole composite materials. Chemical Communications, 2005, (13): 1717-1719.

[180] Huang J, Ichinose I, Kunitake T. Biomolecular modification of hierarchical cellulose fibers through titania nanocoating. Angewandte Chemie International Edition, 2006, 45(18): 2883-2886.

[181] Huang J, Kunitake T, Onoue S-Y. A facile route to a highly stabilized

hierarchical hybrid of titania nanotube and gold nanoparticle. Chemical Communications, 2004, (8): 1008-1009.

[182] Gu Y, Huang J. Fabrication of natural cellulose substance derived hierarchical polymeric materials. Journal of Materials Chemistry, 2009, 19(22): 3764-3770.

[183] 肖巍. 若干表面功能化修饰纤维素材料的制备及其应用. 杭州: 浙江大学, 2013.

[184] 顾元青. 若干以自然纤维素物质为模板的功能材料制备和性质研究. 杭州: 浙江大学, 2013.

[185] Sharma R K, Zhai L. Multiwall carbon nanotube supported poly (3, 4-ethylenedioxythiophene)/manganese oxide nano-composite electrode for super-capacitors. Electrochimica Acta, 2009, 54(27): 7148-7155.

[186] Zhang L, Zhang D, Zhang J, et al. Design of meso-TiO_2@MnO_x-CeO_x/CNTs with a core-shell structure as $DeNO_x$ catalysts: promotion of activity, stability and SO_2-tolerance. Nanoscale, 2013, 5(20): 9821-9829.

[187] 白书立, 赵江红, 王丽, 等. V_2O_5/CNTs 催化剂低温 NH_3 选择催化还原 NO 的研究. 燃料化学学报, 2009, 37(5): 583-587.

[188] 于艳科, 何炽, 陈进生, 等. 电厂烟气脱硝催化剂 V_2O_5-WO_3/TiO_2 失活机理研究. 燃料化学学报, 2012(11): 1359-1365.

[189] Ettireddy P R, Ettireddy N, Mamedov S, et al. Surface characterization studies of TiO_2 supported manganese oxide catalysts for low temperature SCR of NO with NH_3. Applied Catalysis B: Environmental, 2007, 76(1): 123-134.

[190] Yao Y, Zhang S, Zhong Q, et al. Low-temperature selective catalytic reduction of NO over manganese supported on TiO_2 nanotubes. Journal of Fuel Chemistry and Technology, 2011, 39(9): 694-701.

[191] 刘炜, 童志权, 罗婕. Ce-Mn/TiO_2 催化剂选择性催化还原 NO 的低温活性及抗毒化性能. 环境科学学报, 2006, 26(8): 1240-1245.

[192] Wu Z, Jiang B, Liu Y, et al. Experimental study on a low-temperature SCR catalyst based on MnO_x/TiO_2 prepared by sol-gel method. Journal of Hazardous Materials, 2007, 145(3): 488-494.

[193] Wu Z, Jiang B, Liu Y. Effect of transition metals addition on the catalyst of manganese/titania for low-temperature selective catalytic reduction of nitric oxide with ammonia. Applied Catalysis B: Environmental, 2008, 79(4): 347-355.

[194] Caruso R A. Micrometer to nanometer replication of hierarchical structures by using a surface sol-gel process. Angewandte Chemie International Edition,

2004, 43(21): 2746-2748.

[195] 王玉玲. 聚合物基体上负载纳米二氧化钛薄膜的研究. 天津: 天津大学, 2005.

[196] Zhang L, Wu J, Wang Y, et al. Combination of bioinspiration: A general route to superhydrophobic particles. Journal of the American Chemical Society, 2012, 134(24): 9879-9981.

[197] 丁会利, 赵敏. 原位聚合法分子复合材料的分类. 高分子材料科学与工程, 2003, 19(2): 24-28.

[198] Tang X, Hao J, Xu W, et al. Low temperature selective catalytic reduction of NO_x with NH_3 over amorphous MnO_x catalysts prepared by three methods. Catalysis Communications, 2007, 8(3): 329-334.

[199] Kapteijn F, Singoredjo L, Andreini A, et al. Activity and selectivity of pure manganese oxides in the selective catalytic reduction of nitric oxide with ammonia. Applied Catalysis B: Environmental, 1994, 3(2): 173-189.

[200] Kang M, Yeon T H, Park E D, et al. Novel MnO_x catalysts for NO reduction at low temperature with ammonia. Catalysis Letters, 2006, 106(1-2): 77-80.

[201] Cuentas-Gallegos A K, Gomez-Romero P. *In-situ* synthesis of polypyrrole-MnO_{2-x} nanocomposite hybrids. Journal of New Materials for Electrochemical Systems, 2005, 8: 181-188.

[202] He M, Zheng Y, Du Q. Three-dimension polypyrrole/MnO_2 composite networks deposited on graphite felt as free-standing electrode for supercapacitors. Materials Letters, 2013, 104(2013): 159-161.

[203] Li J, Cui L, Zhang X. Preparation and electrochemistry of one-dimensional nanostructured MnO_2/PPy composite for electrochemical capacitor. Applied Surface Science, 2010, 256(13): 4339-4343.

[204] Villar-Rodil S, Suarez-Garcia F, Paredes J, et al. Activated carbon materials of uniform porosity from polyaramid fibers. Chemistry of materials, 2005, 17(24): 5893-5908.

索　引